[美] 吴以义 著

什么是科学史

图书在版编目（CIP）数据

什么是科学史 /（美）吴以义著. —北京：生活·读书·新知三联书店，2020.7

（乐道文库）

ISBN 978 - 7 - 108 - 06720 - 3

Ⅰ. ①什…　Ⅱ. ①吴…　Ⅲ. ①科学史－普及读物　Ⅳ. ①G3 - 49

中国版本图书馆 CIP 数据核字（2019）第 275091 号

责任编辑　王婧娅

特约编辑　周　颖

封面设计　黄　越

责任印制　黄雪明

出版发行　生活·讀書·新知 三联书店

　　　　　（北京市东城区美术馆东街 22 号）

邮　　编　100010

印　　刷　江苏苏中印刷有限公司

排　　版　南京前锦排版服务有限公司

版　　次　2020 年 7 月第 1 版

　　　　　2020 年 7 月第 1 次印刷

开　　本　889 毫米×1092 毫米　1/32　印张　7.5

字　　数　152 千字

定　　价　48.00 元

我们确信……一如他们所着意描述表达的实在世界，一如他们所为之鼓舞制约的精神直觉，大师们的哲学体系是不可穷尽的。

——亚历山大·柯瓦雷

目　录

1 绪论和写作计划

科学史所做的是什么事？作为文化史的一种，科学史提供了研究和理解历史发展的一个不可或缺的维度；从研究自身看，重温科学研究的历程，分析其中种种因素，反思其得失，从而收获教益和启发，启迪智慧；从其社会效果来看，则更在于把科学观念社会化、把科学精神介绍给不直接从事专门科学研究的民众。作为人类对自然的认识和理解，科学为我们带来了巨大的物质利益，这是有目共睹的；在研究、认识自然的同时，科学还发展出了一整套的研究方法，确立了理性的至高无上的地位，这种精神成果，其意义远大于个别的、一时一地的具体发明创造。但是和科学的大部分成果不一样，这种科学精神深藏在科学研究的过程之中，常常不是一目了然的，因此对于它的理解也不是一蹴而就的，这就需要对研究过程做一种回顾，梳理其脉络，把隐匿其间的科学观念阐发出来，使之社会化，使得最广大的、受过一般教育的人也得以接触科学精神的精髓，这就是科学史的担当。既然有这么重大的意义，让我们先对"什么是科学史"这个题目做一个更细致的讨论。

"破题"

首先正名。按通常的用法，"科学"一词有两解。狭义的说法是我们课堂里所接触到的，以自然界为对象的、有一套完整的研究和推理方法的、有独立的价值评价的、自洽的知识体系；广义地说，那就是所有关于自然的知识，当然也包括关于人类自身的知识。狭义地说就是让人望而生畏的物理化学生物、天文地理计算机；广义的，就是对自然现象的反思，沧海桑田，星坠月晕，跳广场舞能不能防癌，都是。原来科学的目的就是要追寻事物之间的因果联系。有时果然找对了，那么相关的知识就成了神圣的自然定律，从牛顿三大定律到脱氧核糖核酸的密码，都是；有时没有找对，但寻找的过程，这种对客观规律的追求，仍旧是人类理解他们所厕身其中的自然环境的一种努力，比如炼金术，比如幻术，仍旧是科学的宝贵财富。而在很多科学史或科学哲学的研究中，我们谈论的科学，究竟是狭义的还是广义的，却也不易截然划分。下文为了行文的方便，除了可能产生歧义的少数章节，如第 9 章和第 11 章，如不加注明，"科学"一词常指那些已经成形成系统的知识体系，辞达而已，读者鉴之。

再解题目中的"史"字，这一方面则有若干需要特别说明的地方。首先要扫除一种对历史的普遍的误解，以为历史就是"过去的事"。其实，过去的事并不能概莫能外地成为历史学研究的对象。历史学所关注的，严格地说，是指"过去事物的发展"，其过程以及与之相关的因素。正是这一方向，追溯事物演变沿革，追寻其中的因果，开阔视野，启迪智慧，赋予了历史学一种安身立命的意义。科学史，作为常规历史的一个组成部分，主要也不是，其实根本不是，关于过去的科学成就的杂陈；不管狭义广义，科学史留意记录、分析、研究的，是一种人类探索自然的活动，是一个从不知到知，从知之甚少到知之较多的动态的过程。简而言之，科学史是一种对于科学研究的研究。所以科学史研究者不仅要知道在某个领域里我们已经知道了什么，而且还要知道我们是怎么得到这些知识的；他要探索的，是当时的研究者是怎么想怎么做的，怎么进一步增进了对自然的了解。简而言之，是"怎么"而不是"什么"。原来，科学史家并不把科学仅仅看作一大堆定义定律，一大堆实验数据和计算推理，而把科学当作人类的一种智力活动和社会活动，这种活动的目的是发掘出隐藏在自然界中的、最精深微妙的因果关系。科学史绝不是把因为年代久远而日趋暗淡的科学成就拿来重新擦拭，炫耀当代，而是通过对发明发现过程的追寻，梳理其发展的过程，探究其中各个因素的作用，彰显以理性为中心的科学精神。

科学史不是对应学科的附庸

其次要扫除的，是对科学史的另一种误解，以为科学史是各自对应的专门学科的附庸。说"词是诗之余"已属悠谬，以为科学史是专门学科的一个附加成分，是正餐边上的开胃小菜，更是大错。从与之对称抗礼的专门学科来看，科学史和常规科学确实是紧密连接的，但是无论是研究的对象、目的，还是方法，科学史都首先是"史"，是一门完全独立的学问：其研究对象不是自然本身而是人的活动，其研究方法也是历史学方法，迥异于任何一种实证科学。即以"科学史"的名称来说，在语法上也属定中偏正结构，中心词是"史"，而"科学"是限定成分，其意甚明。

从科学史对常规历史的贡献看，则更可见科学史是历史学不可或缺的一个部分。显而易见，没有科学史的视角即不可能完成对历史的完整叙述。没有一个历史学家能够绕过原子物理学的发展而对 20 世纪的政治史、外交史做完整的说明，或者能忽略人对于自然的研究而对文艺复兴做出合于理性的解释。工业发展之中的科学因素是有目共睹的，科学革命的理性精神之于稍后的社会变革的影响更不待赘言。我们可以说，为现代社会奠定物质基础的产业革命，为现代社会奠定精神基础的启蒙运动，在历史渊源上都指向 16、17 世纪的科学革命；现代之所以为现代，追根溯源，无不由此而来；正是由此产生的理性精神，定义了现代社会。

所谓理解我们厕身其中的世界，按亚里士多德的说法，就是明了其中的因果关系。所谓的因果关系，常可以粗略地分为两类。一是逻辑的：因为有力的作用，所以产生了加速度，把酸倒入碱溶液中，就生成了盐——这是所谓科学的分野。另一类是历史的：如为什么上海别称"申"，如为什么中国人用方块字，如果一定要追究其原因，必须诉诸事件的沿革，追溯到战国时代或者更久远的过去——此类事件的联系，是在所谓历史的分野。科学史的研究，常常兼具这两个方面。更加粗略地说，有较多考虑科学内部发展的逻辑的，近乎我们所理解的"科学"；也有较多考虑外部影响的，则更近乎"史"。要想回答"什么是科学史"，就必须兼祧两者，这不容易。

本书的写法： 一般性讨论

如果读者不当真，为了给本书的写法正名，我们或者还可以对主编出的题目再做一种更加咬文嚼字的分析。留意，问的不是"科学史是什么"而是"什么是科学史"——前者问的好像是科学史的内容，何时何地有何发现或发明，其长成过程和后续事件；后者则要回答什么样的文字可当"科学史"之名，要讨论科学的历史研究的方方面面。

如果按前一种理解来审题，则似乎就是重述一遍我们现在已知的科学的发展：史前人类如何和自然相处，用火，慢慢适应自然；希腊人如何对自然和整个宇宙做哲学的思考；罗马人如何发展技术，利用自然力和自然规律；中世纪的宗教教义和自然观，理性、宗教对科学的作用，文艺复兴，科学革命，启蒙运动，产业革命，近代资本主义和科学的发展，现代科学，乃至各国的科技政策，如此等等。事实上，科学史的范围，囊括了一多半的人类活动，以至于在某些大学里，科学通史课竟由"柏拉图"和"北约"两个字的叶韵而得到"Plato to NATO"的诨名，意在调侃其包揽一切——涵盖之广，以至于无法做到细大不捐，即使力图面面俱到，也常让人如堕五里雾中。要对此做一种全面的考察，无论加上什么样的说明和限制，仍旧为本书作者力所不能及。且不说在有限的篇幅里是否有可能完成这样的包举宇内的论述，而且，即使完成，最好的结果，恐怕也只能是平庸的公允，更糟糕的还可能是乏味的空泛。

如考虑用后一理解，循着"写法"这一线索，则或可通过若干具体的例子，从不同的角度，以不同的形式，来看看科学史研究者是如何处理这一宏大的主题的。如上所述，科学史既为一种历史，其研究方法、视角、结论自不同于精密科学，不存在所谓的约束性或排他性的规范，不同的时代和不同学科的发展模式和历程各有不同，各个研究者对于科学的发展及其相关因素的认知也时有不同，这就有了不同的科学史。选取其中有代表性的细加讨论，或可戏称为"八面受敌"之法，庶几有助于我们对这一学科的认识。下文就按不同的考量和写法逐一讨论。为了避免言不及义的无根游谈，对每一个主题都举了一些例子——

并不是说这些例子定义了某一类型的写法，只是"举例以明之"而已。所举的例子当然也仅限于本书作者的一孔之见，并尽可能选用了易见和常见的书，所谓"出其所读者以供人之读"，自非评定甲乙。所取用的常称一时之选，且都是西洋学者著作——一则所谓科学原出于西洋，彼辈观察论述或稍近切；二则国内研究人才济济，硕学先达，青年俊才，论述各有专精，以义何人，岂敢妄议。至于学科范围，数学循例不作自然科学看①，而医学、农学等若干学科，因本书作者学识浅陋，所知寥寥，竟只好从简甚至割爱了。

各章重点和提要

在很长一段时间里，学者们关注的一个要点是科学发展的动力：驱动科学发展的，是其内在的精神和逻辑的追求呢，还是外在的社会生活和生产技术的需要呢？以对这一问题的回答，科学史界一时形成了壁垒分明的两个学派：内在学派和外在学派。库恩有很细致的讨论，是为第 2 章。事实上，在科学发展的历史上，有些时候外在的因素表现得明显一些，有些时候内在的逻辑好像完全主导了发展的

---

① 数学史有，例如，Morris Kline, *Mathematical Thought from Ancient to Modern Times*, New York：Oxford University Press, 1972, 皇皇 1238 页，有张理京等中译，《古今数学思想》，四卷本，上海：上海科学技术出版社，2002，为我国读书界所熟知。

过程和方向；在不同的科学领域，有些发展更依赖于外在的因素，有些更像是一种概念史或思想史。在这场争论过去了六七十年的今天看来，这种理解和分析上的分歧，实际上在很大程度上，是研究者各自的研究对象的不同造成的。研究精密科学的，研究早年如 16、17 世纪的，常倾向于内在说；研究生命科学和地学的，研究工业革命以后的，常倾向于外在说。而且，即使在当时，也很难断然认定单凭内在的或外在的因素就能完全解释历史的进程。力图跳出"内在""外在"讨论模式的，如柯恩的《科学中的革命》①，自成一家之言，唯本书既定为一种简介，自然不能面面俱到，正文中也未及细论，诚是可惜。

和"解释"的要求并列的，"叙述"好像是更为朴素的做法，即把事件的发展、前因后果、来龙去脉介绍清楚，为进一步的分析提供事实材料和历史背景。最常见的和最方便的，是按时间顺序构造这种叙述，很有点像历史学中谈论的编年史。重要的是要理解，而"解释"和"叙述"实际上是相辅相成的：解释提供了叙述的理论框架，决定了素材的取舍，叙述提供了支持解释的事实资料和历史场景的完整画面。对史料的把握，实在是研读科学史的最基本的功夫；束书不观，游谈无根，岂能深入精微，悟出真谛？作为一种恐怕是最公允的例子，第 3 章选用了维基百科的陈述。网上文章，既无作者，又无出处，行文论述也

---

① I. Bernard Cohen, *Revolution in Science*, Cambridge：The Belknap, Harvard University Press, 1985.

未必精当，但对于非专业读者确实是流通最广、利用最多、影响最大的资讯来源，当然不可忽视。而且本书作者也多少可以由此沾一点互联网现代化的"仙气"，以其说近于培根所谓的蜜蜂式的构造，而不至于被讥为蚂蚁的堆砌或是蜘蛛的臆造吧。

以上综述。

当科学家在实验室里为研究事项的每一个细节绞尽脑汁的时候，科学史家正在书斋里反思：作为一个整体的科学，它的认识论基础及其历史发展如何成为可能。亚里士多德为"理解自然"定下的标准是阐发其中的因果关系。但是，谁能肯定自然界里确实存在着我们想象之中的因果关系呢？而且，更进一步，即便存在这种关系，谁能保证人的理性能够洞察自然最精深微妙的秘密，我们怎么知道我们一定能够发现进而理解这种关系呢？福尔摩斯自诩理性分析在手就没有无法侦破的疑案，1888 年柯南·道尔碰到开膛手杰克这样的完全不按牌理出牌的主，不也是束手无策吗？再深入一步，人的理性和理解力又是从何而来的呢？在 19 世纪中到 20 世纪初的很长一段时间里，这一问题，简而言之即科学和哲学，尤其是和认识论的关系，科学发展的基础和总体的规律，深深地吸引了科学史学者的注意，他们希望通过对科学史的研究，得出探索自然、认识自然的一般规律。尽管随着科学形态的日益复杂，知识内容的日益丰富，专门化程度的日益加深，这种目标似乎离我们越来越远了，但是，把科学作为一个整体来考察，仍然能给我们很多启示，遂有通史之作。是为第4章。

第5章和上文相对，讨论一种截取一小段历史、细加品读的做法，或者可以戏称为断代史。一个特定的历史阶段的种种风尚特质、经济政治环境，与当时科学的发展，有着或者显而易见或者隐晦幽深的联系。这种"断代"的研究方法，结合当时的社会背景、哲学思潮，可以让史家尽可能地突出这些特质，阐发这样的历史或文化环境和科学成长的相互作用；不泥于一人一事，既从社会风尚、学术潮流去说明科学的成长，又从科学的发明发现所造成的影响探讨社会的发展和转型。稍早译介到国内的"剑桥科学史丛书"中，有多册致力于断代研究，最为人瞩目的，有韦斯特福尔的《近代科学的建构》、格兰特的《中世纪的物理科学思想》[1]，至于本丛书的另一册，《文艺复兴时期的人与自然》，则作为范例在本书稍后有稍微细致一些的讨论。

如果读者宽容，不责怪我类比不伦，我想通史或可以比作主题广阔的交响乐，前述断代史比作协奏曲，而专门注重于科学家个人成长历程的传记研究或者可以比作精致的室内乐。这种做法常能更加近切地考察科学发展的细节，

---

[1] George Basalla and William Colman, ed., *Cambridge History of Science Series*, New York：Cambridge University Press, 中译为"剑桥科学史丛书"，任定成、龚少明主编，据笔者所见，有十一二种，恕不一一列出。Richard S. Westfall, *The Construction of Modern Science：Mechanisms and Mechanics*, NY & NJ：John Wiley & Sons, 1971, 1977年收入本丛书后改由 Cambridge：Cambridge University Press 出版，有彭万华中译，《近代科学的建构：机械论与力学》，上海：复旦大学出版社，2000。Edward Grant, *Physical Science in the Middle Ages*, 1971, 最初也由 Wiley 出版，有郝刘祥中译，《中世纪的物理科学思想》，上海：复旦大学出版社，2000。

包括从事科学研究的各色人等的生活环境、教育背景、师承脉络、友朋交往、同志切磋，这样的研究常更具个性，更贴近研究的实际过程。这就给了我们一个机会，走到很近的距离观察人与自然的相互搏击：人如何受制于他们的自我和他们所处时代的认识水平；他们如何突破重围，扩大和深化对自然的理解。传记研究在现有的科学史文献中占一大宗，由此单列一章，即第6章。

第7和第8两章分别讨论两种视角各异的科学史。和音乐作品一样，科学史有仅供专门家欣赏阅读的著作，也有以广大非专业人士为目标受众的作品；既有专门史，也有通俗史。专门史或专题研究，着眼点常集中在很小的一个问题上——这里所谓的"很小"，非其意义之谓也，是指其定义范围常藩篱森严，选取的时间起讫也相对较近，以此有可能对所选主题做近距离的、极其细致的观察。这种研究，基础扎实，分析透辟，同时又需要有对历史背景和全局的宽广的理解和准确的把握，或有佳构，常为圈内专家所激赏，被视为衡量作者研究水准和品位的标志。唯其艰深，又常令非专业读者却步，而作者本来心目中所预设的读者，也仅为很小的一组专家而已。但是如果从科学史研究整体来看，这种专门史确实为覆盖较大范围、不那么专业的科学史叙述提供了基本素材，提升了其叙事的准确、丰富和深刻程度，于是也就不能说是仅仅惠及专家了。

与专门研究相对，通俗史一如我们中国文学史中的演义或讲唱文学，或如英人司各特的历史小说，文字明白畅晓，主题内容为众多读者所喜闻乐见，而以其受众特多，影响至为广大。试看我们的历史传承和文明的价值取向，精华固在经史子集，而流传则多得力于通俗故事。所谓"死后是非谁管得，满村听说蔡中郎"所描写的大概就是这种传播的场景。读者诸君想必会同意，社会上最大多数的民众，是通过《三国》《说唐》"三言两拍"，而不是《左传》《史记》或实录、会要来了解历史、通晓君臣大义的。但是，这种"通俗"绝不同于"庸俗"，更非"媚俗"，于历史绝非是简化其曲折的过程，于专业主题绝不能避开其艰深的原理；通俗史的作者，于史实史料烂熟于胸，于叙事说理了然于口，如矿出金，把科学文化的精髓准确而且易晓地传达给读者，使其"不知其然而知其所以然"，完成科学概念的社会化。做到这一点当然绝非易事，这就是我想说的"举重若轻"。和一丝不苟、凝重沉着的专题研究相比，通俗史可能是更多地承担了"通过事例传递哲学"的历史使命。

科学史的延伸：　仍旧是科学史

以上分述科学史的各种写作样式，当然不能穷尽，仅举数端而已。以下三章，是所谓科学史的延伸，或可戏称为"外篇"。因为确有若干撰著门类，如果狭义地定义"科学"，恐怕不能为科学史所包括，但实际上又与科学史有密切的关系，以此似必须述及。

第9章"前规范时代",是借用库恩科学发展理论的术语,讨论科学还未完全成形、规范还未完全建立时科学人对自然的探索,描述科学之所以产生,如何从混沌中脱颖而出。这一阶段不仅为以后科学的发展打下基础、立下规矩,其实是理解科学之所以成为科学的一个重要方面。要预先说明的是,下文中屡屡提及的所谓"幻术",循林恩·桑代克例,主要指中世纪的炼金术、占星术和早期神秘主义的医学实践,并不是罗真人、马道婆辈的勾当。

技术和科学常被称为一对孪生兄弟,此话不确。首先,它们的出生,前后应当说相差了好几百年,而若以它们各自的发端、影响其发展的种种因素看,一直到19世纪初,两者还基本上是各行其是、互不相扰的。但到了大约百多年前,这两个门类又确实相互走近,渐渐密切地联系在一起了,而且民众对科学,尤其是对现代高度抽象、高度专门化的科学的感知,也在很大程度上是通过享受其技术成果实现的。毋庸赘言,至于今日,这两者几乎是密不可分了:谈论科学史、谈论科学观念向社会的扩散,竟然绕不过对技术发展的讨论了。于是有技术史,是为第10章。

如果把科学定义为人对自然的认识,在人类漫长的历史中,各个文明、不同的人群,以其不同的自然地理和社会文化环境,应该有不同的认识道路,因而也就有不同的传承。若以自然和人文两厢对垒看,欧陆常立足于自然界观察人文,华夏常立足人文观察天地万物,视角迥异,整个认知结构遂全然不同。但是科学革命以后发展起来的、高度规范化的、现在为所有人共同尊崇的"科学"，又有如此强大的排他性，一切与之不合的，均被排斥在外，不予理论；即使有侥幸得脱、偶被提及的，也是以现在已经确立的科学为准绳决定取舍、记录陈述的，于是买椟还珠之憾或常不免。治中国古代科学者，常昧于此一要点，致力于搜索故纸，剪裁锻炼，比附西洋发展途径，哓哓然于孰先孰后而疏于考察历史源流、系统异同，以及本国文化传统社会经济特征，而欲以此求得真知，不亦惑乎！所幸者，这种情形近来已有所改变，研究不合于已成规范的对于自然的探索究诘，特别是非西欧非基督教文化环境下人对自然的认识消化理解，在过去的五六十年里渐受重视。第11章简单地介绍这一方面的工作，而戏称之"另类的规范"。文章以中土文化为例，未及其他，如玛雅、印度、埃及、苏美尔，乃至阿拉伯伊斯兰。并非这些内容不重要，并非不欲有所涉及，实在是本书作者为学力所限，所可为者，望洋兴叹而已。[1]

　　最后一章简要地讨论和科学史研究相关的几个问题：科学史的"新的写法"和研究旨趣的变化，普及和选题，对于科学观念社会化的贡献，等等。论题稍显杂乱，论述也呈泛泛，意在提请读者诸君注意，并非着意探讨——以本书作者

---

[1] 最近出版的研究"古代伊拉克"数学的 Eleanor Robson, *Mathematics in Ancient Iraq：A Social History*，Princeton：Princeton University Press，2008，大受好评，并获得 2011 年科学史学会年度最佳著作奖，可知"另类的"科学史研究确实受到相当的重视。而关于伊斯兰科学的研究，尤其引人瞩目。再如 Hunbatz Men, *The 8 Calendars of the Maya：the Pleiadian Cycle and the Key to Destiny*，Santa Fe：Bear & Co.，2009。

的能力和资格，也只能泛泛，而不敢企望深入的考察了。

致谢

/

这本小册子的完成，得力于主编的督促，师友同侪的帮助，有时只是一个电话，一段微信留言，却解决了我无力问津的困难，谨此致谢，恕不一一。社会科学院哲学研究所钱立卿博士通读文稿，提出宝贵意见；内子往来奔波，借阅资料，也在谢中。本书亦为教育部人文社会科学重点研究基地重大项目（项目号：16JJD770013）之项目成果。如果读者觉得本书还有些片段可看，我或也可以安心面对所有我麻烦过的人了。

2 史论：
内在史和外在史

■ 库恩：《世界社会科学百科全书》条目《科学史》， 1968

■ 库恩："科学和科学史"， 1971

库恩的说法

/

要回答"什么是科学史"，我们从百科全书的一般性讨论入手。1930 年代美国人类学学会等十个社会科学方面的专门学会，包括美国历史学会，联合编纂了《社会科学百科全书》，凡 15 卷，颇得好评。到 1967 年，共出 16 版，次年再进一步全面修订，更名为《世界社会科学百科全书》①。和一般的辞典式百科全书不同，新版百科着眼于对论题的深入阐发，篇幅不似通常辞书的逼仄，撰写者也常为所论主题的一时之选。其中《科学史》一文②，由托马斯·库恩执笔，在第 14 卷 74 页到 83 页，长达万字。

① *International Encyclopedia of Social Sciences*，ed. David Sills，New York：Macmillan，1968；2ⁿᵈ ed.，2008，但下文的讨论仍基于第 1 版。
② "History of Science"，在上述百科全书中，后收入论文集 *The Essential Tension：Selected Studies in Scientific Tradition and Change*，Chicago：The Chicago University Press，1977，本文有刘珺珺中译，是为《必要的张力：科学的传统和变革论文选》第 5 章，北京：北京大学出版社，2004。

这时恰值库恩以《科学革命的结构》在学界崭露头角之时。他之所以被聘为"科学史"条目的撰稿人，很可能是因为当时库恩更多地被当作历史学家，其领域是科学史，而不是后来他领一代风骚的科学哲学。有趣的是，让他出了大名的《结构》，也是一篇应约为百科全书写的条目；所不同的是，由此开始，并在以后的 50 年里，《结构》将要在学界掀起不断的争论，而这里的《科学史》一文，则好像平静地得到了广泛的认可。

把我们的讨论起点设在库恩的这篇不太著名的百科全书条目，或被讥为"诉诸权威"。但是留意这篇文章撰写的时间，正是库恩风华正茂、学术生涯的黄金时期渐次展开之时，我们有理由相信，他对当时的学术状况有深刻的了解，他的叙述应当是对当时的学术品味的一种相对全面的反映。

从学科发展的角度看：科学史的发展史

库恩从科学史的发展谈起。他说，科学史发展成为一种"独立的专门学科"，实际上经历了长时间的变化。直到 1950 年代，这一学科才最后定型。在这以前，大部分从事科学史写作的，是致力于研究具体科学问题的专家，他们撰写科学史多多少少是一种业余的活动：或是一种本能的爱好，或是为了显示他们的博学，或是为了说明某一概念的来龙去脉，或是为了在教学中吸引学生的注意。这种文字多是他们科学著作的一部分，在 18 世纪，拉格朗日、蒙塔克拉、普利斯特列和达兰贝都有这样的工作。到了 19 世纪和 20 世纪前半段，这一类的文字更多，资料来源和著作主题也呈多样化，既有这些学科主流学者的生平，也有某一专门领域的学术成就，其中较为人留意的作者，在化学方面有柯普，在物理方面有波根多夫，生物学是萨克斯，地质学则首推齐特尔①。

库恩在这里提到的几位，都是学有专精的大家，而且清一色是德国学者，最含蓄地提示了早年科学史撰著和哲学、历史的关系。即以齐特尔论，先是在欧洲多个主要的学术中心受教育，当过慕尼黑自然博物馆的馆长，去非洲考察过沙漠，在古生物学领域里著作颇丰。1869 年起担任《古生物学杂志》主编，1899 年起担任巴伐利亚皇家科学院院长，他的"里程碑式"著作《地质学和古生物学史》②也在这一年问世，两年后英译本出版，正文洋洋洒洒 542

---

① 库恩没有特别指出这几位的代表作。今参照他文末的参考文献补充如下。Herman Kopp, *Geschichte der Chemie*，四卷本，Braunschweig: F. Vieweg und sohn, 1843 - 1847；英译本见 *From the Molecular World: A Nineteenth-century Science Fantasy*, trans. Alan J. Rocke, New York: Springer, 2012，似乎是他的唯一有英译本的书。Johann Poggendorff, *Geschichte der physik*, *Vorlesungen gehalten an der Universität zu Berlin*, Leipzig: J. A. Barth, 1879. 这部物理学史在很长一段时间里是这一领域中最重要的参考书，55 年以后，普林斯顿的 William F. Magie 编写《物理学原著选读》时，很多背景资料仍取自该书。Julius Sachs, *Geschichte der Botanik vom 16 Jahrhundert bis 1860*, 1875；1890 年有 Henry E. F. Garnsey 英译本，*History of Botany*, 1530 - 1860。1909 年出版续篇 *History of Botany*, 1860 - 1900。齐特尔见下文。

② Karl A. Zittel, *Geschichte der Geologie und Palaeontologie bis Ende des 19 Jahrhunderts*, Munchen: Oldenbourg, 1899. 这本书有 Maria M. Ogilvie - Gordon 英译，*History of Geology and Palaeontology to the End of the Nineteenth Century*, London: Charles Scribner and Sons, 1901，这个译本有电子版，颇利应用。

页，作为历史回顾的引言153页，几乎占了全书篇幅的三成。在齐特尔看来，先于19世纪的地质学研究，可以分为"古代的地学知识"等四个时期，而他比较着重介绍的，是1790—1820年的"地质学的英雄时代"，从探查阿尔卑斯山、第一个登上白朗峰的索热尔到洪堡到康德到拉普拉斯，再转入对各个"区域"的讨论。引言之后的正文分六章，按主题归为"古生物学""地层学"之类，仍旧以历史发展为线索，叙述各个专门领域的进展。

　　注意齐特尔的主题是地质学，这或许有助于解释他的强烈的历史学取向。从一种最简单化的角度看，地质学，尤其是在19世纪中叶以后赖尔、达尔文的概念风行之际，本身就提示了一种进化和演变。先于此书，仅据齐特尔在他的前言里提到的，已有十数本类似主题的著作，足以表明这一主题和作者以历史线索为纲要的处理方法，在当时就已经得到了相当的注意。

　　容易相信，赖尔、达尔文的考察方法和达尔文革命在思想领域里的影响，直接激发了对于科学发展历史的思考。上文提到的，从事物理、化学乃至通常被认为和现实世界关系不大的纯数学的研究者，都自觉或不自觉地受到了影响。而另外一组人，则在另外一个不同的，但与上述"非专业"的作者写作密切相关的方向上推进了科学史的研究和撰写，构成了库恩所谓的"第二个主要的历史撰写传统"，其中最引人注目的有惠尔、马赫和杜衡①。

和第一组作者相比，这"第二传统"的作者在很大程度上也是从事具体研究的专业科学家，不同之处在于，他们有明显高于前者的哲学和历史学素养，而他们的著作的主题也更加哲学。简单地说，齐特尔辈的撰写还主要是描述，向读者逐一介绍科学在过去的日子里渐次取得的成就，而后者则更关心这些成就是怎么取得的，希望通过对某些科学概念和方法的历史追寻展示或深化对当时科学的理解，希望从方法上或者哲学上解释科学发展的道路，甚至希望通过对这种发展的分析去构造科学认识的哲学基础。

杜衡对纯科学的贡献主要集中在热力学方面，但至今为学界所乐道的，却是他基于天文学史的哲学研究，先是《世界体系》，皇皇十卷，而更为人知的是《拯救现象》②。为了说明科学的认识论基础，杜衡考察了天文学的发展，研究了历代哲学家和天文学家的论述，从希腊时代一直延伸到 16 世纪。他的研究展示了一种思想的连续的发展，从古代到中世纪和阿拉伯时代，一直到天文学革命。这一时

① 关于 W. Whewell 和 P. Duhem 的讨论见下文，E. Mach 的著作或是指 *Die Geschichte und die Wurze des Satzes von der Erhaltung der Arbeit*，Prag：J. G. Galve'sche, 1872, 此书有 E. B. Jourdain 英译, *History and Root of the Principle of the Conservation of Energy*，Chicago：The Open Court, 1911。

② 《世界体系》, *Le system du monde：histoire des doctrines cosmologiques de Platon a Copernic*，前五卷 1913—1917 年出版，Pairs：A. Herman，十卷本 1954—1973 年由同一家出版社出齐，未闻有英译本。《拯救现象》, *Sozein ta phainomena, essai sur la notion de theoriephysique de Platon a Galilee*，刊登在 *Annales de philosophie chritienne*，79/156，ser. 4, VI, 1908, 稍后单行本由 Paris：Libr. Scientifique 出版，有 1969 年 Edmund Dolan and C. Maschler 英译本, *To Save the Phenomena：An Essay on the Idea of Physical Theory from Plato to Galileo*，Chicago：The University of Chicago Press。

期的科学史写作，涉及对古代文献的解读和从哲学层面对历史的诠释，结合了早些时候对圣经的章句批判研究所建立的标准，形成一种新的模式和新的风格。沿着这一方向，很快出现了新一代的作者，其中库恩特别提到的，是狄克斯特霍伊斯、梅尔，以及柯瓦雷①。

　　在库恩撰写本条目之前不到十年的时间里，这三位学者先后获得科学史研究领域里表彰最高学术成就的终身荣誉萨顿勋章。这在很大程度上可以看成科学史界对他们的研究，进而对他们的研究风格的认可。库恩说是他们规范了现代科学史写作的模式，特别是把科学的发展看作从希腊到中世纪再到科学革命的延绵不断的连续过程，这种学术取向很自然地导出了库恩所谓的现代科学史写作的第三个特点。

内在史和外在史

／

　　库恩说，科学史研究者应该把科学的发展看作一个整

---

① E. J. Dijksterhuis, *De mechanisering van het wereldbeeld*, Amsterdam：J. M. Meulenhoff, 1950, 原文是荷兰文, C. Dikshoorn 英译, *The Mechanization of the World Picture：Pythagoras to Newton*, Oxford：Clarendon, 1961, 直到英译本出现才在学界引起了普遍的注意。另外较少提到的是他的关于阿基米德的研究, *Archimedes*, New York：Humanities, 1957。关于 A. Maier, 库恩列出的是 *Studien zur Naturphilosophie der Spätscholastik*, 五卷本, Rome：Edizioni di Storia e Letteratura, 1949 – 1958。关于 A. Koyre 则有 *La Revolution Astronomique*, *Copernic*, *Kepler*, *Borelli*, Paris：Herman, 1961, 和 Etudies galileennes, 三卷本, Paris：Herman, 1939。库恩撰写本条目时这两部书尚无英译, 故此处均引法文原书。前者有 R. E. W. Maddison 的 1973 年译本, 后者有 John Mepham 的 1978 年译本。

体，把对通史的关注置于对专门学科的研究之上，虽然他马上提到，这是很困难的。另一方面，科学发展总体的研究很快表明，很多"非观念性的"因素，特别是制度方面和社会经济学方面的因素，对于科学发展，实际上也发生过很大的影响。这就形成了后来我们常常必须面对的"内在史"和"外在史"的问题。

所谓内在史，是要求研究者抛开当今科学所表现的状况、所提供的知识和理论，回到他所研究的时代去。他所谓的科学，存在于他所研究的那个时代的教科书和学术期刊中。他所要留意的，是在科学的发展过程中，很多的科学成果并非科学研究者当时预设的或者是预期的。科学史研究者要追问的，是当时的科学家面临什么问题，而且这些问题为什么对他们说来是个问题。特别是当时的研究者所犯的错误，因为正是这些错误，展示了比后来教科书所叙述的多得多的研究者的心路历程。史家要力图如同当时的研究者一样思考，要特别留心的，是深藏于科学自身的逻辑、当时科学之所以由来的传统，而不是这些科学成就所导出的后来的科学成果，不是现代科学在过去时代中的模糊影子。

这种内在史方向的研究，直至20世纪中，库恩注意到，主要集中在物理、化学和天文学方面，而撰写者也不再无例外地是从事具体工作的科学家，其佼佼者有杜加、詹墨尔、帕廷顿、特鲁斯代尔和惠塔克①。这些作者的考察角度大体类似，考察的时间范围一般多延伸到他们所在的时代，但是因为涉及的细节对文献的要求巨大，从而研究的范围和深度自然受到了很大的限制。由此发展出来的成果，不得不集中在一种相对说来较小的题目上。至于生命科学和地质学，库恩认为到他撰写这一条目时，乏善可陈，除了对达尔文的研究之外，几乎没有什么可以特别提出的。我们以后会看到，这种库恩所不满的状况在他写成这个条目以后的半个世纪里，将要发生惊人的改变。

至于所谓的"外在论"，库恩定义说，是"把科学放在可能深化对它的理解的文化环境中研究的一种努力"。这包括三个方面。首先是对教育和科学社团，尤其是后者的研究。对 18 世纪史来说，引人注目的课题有：化学研究的专业化②、伯明翰月光学会③和法国的科学教育④；对 19 世纪

① 他们的代表作分别是 Rene Dugas, *Histoire de la mecanique*, Neuchatel, Editions du Griffon, 1950, 有 J. R. Maddox 英译本, *A History of Mechanics*, New York: Central Book Co., 1955; Max Jammer, *Conceptual Development of Quantum Mechanics*, New York: McGraw-Hill, 1966; James Partington, *A History of Chemistry*, London: Macmillan, 1961; Clifford Truesdell, *Essays in the History of Mechanics*, Berlin: Springer-Verlag, 1968; 以及 Edmund T. Whittaker, *A History of the Theories of Aether and Electricity from the Age of Descartes to the close of the Nineteenth Century*, London: Longmans, 1910, 有 1951 和 1960 修订重印本，有电子版，1987 年作为"当代物理学史丛书"第 7 卷由 American Institute of Physics 重新出版。

② Henry Guerlac, "Some French Antecedents of the Chemical Revolution," *Chymia*, 5 (1959), 73-112.

③ Robert E. Schofield, *The Lunar Society of Birmingham: A Social History of Provincial Science and Industry in Eighteenth-Century England*, Oxford: Clarendon, 1963.

④ Taton, Rene, *Enseignement et diffusion des sciences en France au XVIIIᵉ siècle*, Paris: Hermann.

而言则是比较系统的关于英国[①]、美国[②]和俄国[③]的研究；
而在这以前，只有在一般的通史，如墨兹的《19世纪欧洲
思想史》[④] 中有零散的涉及。

外在史的第二个方面是关于科学对西洋思想，特别是17
和18世纪的思想发展的影响。库恩对当时这一方向上的学
术成绩最不满意。他认为，仅仅谈论影响而不谈科学的引领
作用，不是证明科学的权威而是描述社会生活中的科学，仅
仅平行地孤立地比较而不阐发科学造成的文化上的深刻变
化，是不够的。科学观念，尤其是那些涵盖领域广阔的科学
观念，对于非科学领域中的观念当然是有影响的，但是这种
影响必须在对科学文献深入地分析以后才能得到说明，而眼
下的科学文献和材料尚不足以支持这种研究。这一方向上能
入库恩法眼的，好像只有尼柯尔森的科学对17和18世纪文
学的影响[⑤]、格利斯庇的对"文艺复兴"的影响[⑥]和罗吉尔

---

① Donald Cardwell, *The Organisation of Science in England: A Retrospect*, Melbourne: Hainemann, 1957.

② A. Hunter Dupree, *Science in the Federal Government: A History of Policies and Activities to 1940*, Cambridge: Belknap, 1957.

③ Alexander S. Vucinich, *Science in Russian Culture*, v. 1, *A History to 1860*, San Francisco: Stanford University Press, 1963.

④ John T. Merz, *A History of European Thought in the Nineteenth Century*, Edinburgh: W. Blackwood, 1896 - 1914. 有电子版。

⑤ Marjorie H. Nicolson, *The Breaking of the Circle: Studies in the Effect of the "New Science" upon Seventeenth-century Poetry*, rev. ed., New York: Columbia University Press, 1962. 另有探讨"美国文学"中的技术的专书，Kathleen N. Monahan and James S. Nolan, *Technology in American Literature*, Lanham: University Press, of America, 2000, 但似乎未获广泛采用。

⑥ Charles Gillispie, *The Edge of Objectivity: An Essay in the History of Scientific Ideas*, Princeton: Princeton University Press, 1960.

的对"法国思想"的影响①。

第三个方面是按地域划分的研究。库恩说这是最新的和最有前景的一个方向，这个方向引发了关于科学起源和科学史的本质方面的讨论，但是要求研究者同时具备历史学的和社会学的训练。

留意库恩关于科学史外在因素的分析，和我们今天的说法稍有不同。他所要求的研究科学发展的"历史环境"，后来在很大程度上被扩展为"文化环境"；例如研究热力学的发生和发展，即更多地转向热机和与之相连的早期工业革命的背景。至于"第三个方面"即按地域或国别来划分的，也在很大的程度上被按照不同的文明和生活方式的划分所取代。循此方向，我们看到，尤其是在古代史的领域里，有关于阿拉伯文明、中土文明或玛雅文明对于自然的研究，后来都渐渐长成了独立的分支学科了。

墨顿命题

/

这就几乎是自然地引向了所谓的墨顿命题。墨顿长库恩 14 岁，两人在哈佛亦师亦友，气味相投。墨顿关于科学

① Jacques Roger, *Les sciences de la vie dans la pensee francaise du XVIIIe siècle : la generation des animaux de Descartes a l'Encyclopedie*, Paris : Colin, 1963.

社会学的大作《十七世纪英国的科学、技术与社会》① 必定深刻地影响了库恩，这就不难理解为什么库恩会在这篇百科全书的条目中，不太合比例地加上了一大段文字讨论"墨顿命题"了。

墨顿认为，科学发展的动力有两个，一个来自实用技艺的要求，一个植根于清教主义的伦理和教义。这两个看似非常不同的因素并不必然地互相排斥，尽管后来这两个因素都成了长时间的争论的主题。库恩比较了两方面的意见，考虑了不同历史时期的情形，最后得出结论说，墨顿命题所需要的，只是修正，不是抛弃。他所谓的修正，根据他紧接着的论述，似乎是指一种时间先后上的划分。他认为在16和17世纪科学发生的时候，科学的成长看上去可能更像是一种概念上的革命；到了17世纪，科学就更多地依赖技艺了。墨顿所留意的问题，他的探讨方法，以及他由此得到的结论，对于理解科学的发展，对于理解社会之于科学、科学之于社会的影响和作用是如此重要，在下文的讨论中常常会清晰地表现出来。

库恩这篇为百科全书撰写的论科学史的条目，是以对科学发展的不同的解释性结构作为主线展开的。在六个标题段落中，他安排了四个讨论"内在史"和"外在史"的

---

① Robert K. Merton, "Science, Technology, and Society in Seventeenth Century England," *Osiris*, vi‑2, 360‑632, 单行本 Bruges: St. Catherine Press, 1938, 有范岱年等中译（此书将作者译为"默顿"），成都：四川人民出版社，1986。

问题，可见他对此的重视。他心目中理想的科学史的写作，并不十分在意"什么是过去的科学"，而更加注重厘清科学是如何发生发展的。了解了这一宗旨，就容易理解为什么他对"第一组"科学史作者，即齐特尔等人仅仅给予了很少的注意，而从杜衡开始极力讨论科学的认知结构。这或许是在他撰写本文时，这种对科学史的哲学讨论正在兴起，而他的注意力相当地为之吸引。事实上，在这以后，库恩越来越走向科学哲学，而科学史界对于"内在""外在"的讨论却导向了很是不同的方向。

再论"内在"和"外在"

所谓的"内在论者"认为，科学或人类探索自然、理解自然的过程主要是由这一活动"内在"的，即科学自身的逻辑推动制约的。16、17世纪的天文学革命，常被用作典型的例子来支持这一种说法。先是，哥白尼为了在数学上真正实现亚里士多德的匀速圆周运动、在几何图景上使体系更趋完美一致，提出日心图景；第谷通过观察否定了实体天球的观念，开普勒为追求行星运动的物理原因提出了力的概念，牛顿归纳了这些人的工作，建立了高度数学化的图景，自洽地说明了太阳系的运动。在早期的研究者看来，在这个长达几150年的进程中，推动研究前行的纯粹是概念的变更：研究的起因是为了完善图景，研究的结果是图景得到了完善。的确，哥白尼参加过币制改革和争夺地盘的战争，开普勒在宗教纷争中流离失所备受煎熬，牛顿更是历经了内战、共和复辟、教派冲突、光荣革命，还有斯图亚特王朝的终结和乔治一世的戏剧性登基……但我们确实看不出他们曾经得到过什么纯科学以外的推动或灵感。科学，或者说是人类对其置身其中的自然界的认识，在这个科学史上最辉煌的时刻，好像就是凭着自身内在的逻辑要求，一步一步地、时快时慢地前行，最后到达了对于世界图景的完美理解。

的确，按库恩所建议的，如果研究者利用当时的科学文献，尽可能地、自觉地以这种科学活动一分子的身份，参加到这种追寻之中，确实会感到一种强大的逻辑力量。这种力量如此之大，如此陈陈相因，如此丝丝入扣，研究者在沉湎其中的同时，会享受到一种不可言传的理性清纯的美妙。但是，当研究视野不断拓展、研究深度不断增加以后，我们也有足够的理由争辩说，第谷在文岛上的观星台和他所建造的仪器，牛顿的炼金术所涉及的技艺，同样也是不可忽视的因素。技术的支持在天文学革命的最初阶段即已以最不为人注意的方式介入了这种科学活动；稍稍细致的研究还会清楚地提示，这种技术因素的介入对于整个科学进程而言，实在是不可或缺的。至于关于"自然是和谐的""自然现象是有规律的""这种规律是可以认识的"等等的教条所构成的自然科学的先验的哲学基础，更不是概念自身的逻辑可以囊括的。这些哲学和技艺的因素，既不能被忽略，又不能在概念史的框架中被消化吸收，构成了对内在论的诘难。

如果我们把时间尺度和视野稍稍放大，就能够更加亲切地体会到墨顿所说的技艺和宗教在科学发展中的重要贡献了。对电和磁的认识、电气化在欧洲各国的发展和电磁学理论的关系是大家耳熟能详的例子；而达尔文的进化学说，如果没有足够数量的物种样本，当然不可能从天而降；而如果没有当时的造船航海技术的支持，采集如此丰富的标本也只能是一句空话；再进一步，如果没有19世纪上半期英国的帝国主义政策，国家支持海外探险，环球航行也只能沦为空想和神话。随着更多史料的发现和解读，以及所谓全球史的兴起，不同文化对于自然的研究和对于自然现象的反应，各个古代文明的思维方式和文化底蕴，先后都成了史家热烈讨论的对象。这样，可以看到，科学和经济的形态、技术的进步、政治的取向、文化的品味，显然有着千丝万缕的联系，外在学派的做法，把科学史的视野和研究范围一下子扩大到了先前学者们从来没有想到过的地步。

这样的两种意见各执一端，最后扬弃偏颇互补融合，形成更完整的理论，在科学史上也算常见。在地质学发展的早期，沃纳的水成说和默若的火成说应是名副其实的"水火不容"。原其缘起，是这两派各自注意了地质标本的一个侧面。在探究或制约或推动科学发展的因素时，学科的特征不同，各个学科的发展阶段不同，各地各国的文化环境不同，由此并没有一种排他的理论可以包举宇内地最终说明科学发展的历史和规律。事实上，和科学发展相关的诸多因素，或可更合适地分为"逻辑的"和"历史的"两大类，前者指科学自身逻辑，特别是其自身自洽和完备的要求，后者则与当时当地的社会、文化、经济、政治环境有更多的联系。这两方面因素的作用常常交织交错，甚至相互影响，对于科学发展的影响都不能忽视。

两年以后，库恩再次谈到科学史书写传统时[①]，说法与这里"内在""外在"的基本划分稍有不同。他说，一种是"把科学的进展看作理性战胜原始迷信、人性以其最高级方式发挥作用的唯一实例"，另外一种是"实践科学家"撰写的，为"阐明他们专业内容，确立专业传统"的一个手段。这又好像不再把社会学看作可以和内在史分庭抗礼的一个方向了。我们当然很难凭空揣测库恩的想法，但他力图平衡这两个方向或对其兼收并蓄的努力似乎隐然可见。库恩两次建议说，科学的一个门类的早期发展阶段常依赖于内部逻辑的推动，走向完善和丰富时则大量接受外来的影响，外部因素变得不可忽略。如果从科学史后来50年的发展来看，这一模式仍旧显得过于简单和机械。事实上，在科学发展的每一步，内部和外部的因素都在发生作用，这些作用当然不是等量齐观的，其各自发生的时间先后、程度大小、对于科学的参与模式，自有不同，科学史的写作因此

---

① "History and the History of Science," *Daedalus*, 100（1971），271 - 304. 本文有邱仁宗中译，《历史和科学史的关系》，即前引《必要的张力》第6章。

也变得日益困难：深入内在逻辑的分析几乎必然要涉及大量专门学科的细节，这些细节远非一般读者所能理解甚至所感兴趣，即便是最简单的介绍也很难避免琐碎和沉闷；大跨度的背景介绍又很容易流于语焉不详的泛泛之谈。现代科学史的写作，已经很难用"内在"或是"外在"做简单的划分，但是，要库恩在50年前撰写这个条目时就能看到这种划分的问题，自是苛求，而调谐这两个方向，我们以后会看到，殊非易事。

在文章的最后，尽管谈不上是总结全文，库恩的确对科学史可能会在哪些方面发生影响做了一种简要的讨论。首先，和很多人努力勾画的愿景相反，库恩断然否认了科学史可以帮助或促进科学本身的专业研究的说法。他只是简单地预测说，科学哲学、科学社会学，以及后来发展的科学学，是可能从科学史研究中受益最多的三个领域。从后来科学史的发展来看，这一预测并不太高明；就他撰写这个条目的当时，就事论事地说，不难看出库恩当时的学术兴趣转向、哲学和墨顿的科学社会学对他的影响。后来，科学社会学确实证实了科学史研究对其发展的宝贵作用，但是科学哲学却日益远离科学史所提供的基础和素材，向着高度抽象和玄妙方向走了很远，这恐怕是库恩始料未及的了。

3　编年史：
按时间顺序的叙述

■ 维基百科的"科学史"及相关条目，　2018

另一种回答

/

细看库恩的文章，好像对"什么是科学史"仍旧不甚了然。这可能是因为库恩撰写这个条目时几乎没有提供事实资料或是具体事例。库恩是假定他的读者对于科学史的基本史实早已烂熟于心；他所谈的是对科学史的分析，尤其是科学发生发展的推动力，是内在的逻辑还是外在的需求或影响。从一种最朴素的非专业的要求看，他谈论的似乎是关于科学史的学问，一种基于科学史的、更高一个层次的讨论，而不是科学史本身。科学史，按照通常的最朴素的理解，应该是对科学发展过程的叙述。

既然如此，让我们换一个角度对"什么是科学史"再做另一种回答。

首先选定供我们讨论的对象。进入 21 世纪以来，资讯的发达和方便程度，自是以前任何时代所无法比拟。公众日常选用的，非专业但在一定程度上可以信赖的，而且流通量最大的，当是互联网提供的信息。如果我们要找一个快捷地介绍"什么是科学史"的地方，说是维基百科，大概不会太错。[①] "维基"一词来自夏威夷土语，本来就是"快捷"的意思。略微留意这个条目，可以看出，其写法和取材与我们上面所期望的"对科学发展过程的叙述"颇为相合。先看整体布局。

开篇段落是类似导论的文字，开宗明义，把"科学史"定义为"对于科学和科学知识的发展的研究"，"科学家强调观察、解释，和对现实世界的现象的预测，由此构造的、关于自然界的，经验的、理论的以及实践的知识总体叫作科学"。这有些累赘，让我们按其层次做一解析。这里前半句说的是"科学史"，说是对于科学的"发展的研究"。这就说明了，正如我们在本书第 1 章力图强调的，"科学史"不仅仅是，或者根本不是，对过去科学成果的复述，而是一种"对科学研究的研究"，它的研究对象是一种连续变化的、动态的东西。然后定义"科学"，在这里作者用的语词是"科学和科学知识"。细细咀嚼这种乍看有些重复的用词，或可以体会到作者的良苦用心。事实上，他是在试图区分"科学"和"科学知识"这两个不同的概念。作者以一种不言而喻的方式，或者想当然的方式，假定读者都知道他说的"科学"就是那种有完整逻辑结构的、有排他性

① 下文的讨论都以维基百科的电子版 en. wikipedia. org 为基础，不另出注。

的推理和判断标准的、与现实自然界有可以描述可以追寻的联系的知识体系，一如物理学（当然，这只是最典型的例子）。其他不那么典型的，如医学，就不见得可以如此简单地概括，所以他没有正面定义"科学"。至于有别于"科学"的"科学知识"，当指和自然现象有关的、被人留意或讨论的、零星的观察和未形成体系的推理或论断，这是一种宽泛得多的概念。我们在前文中谈到的"狭义"和"广义"的科学定义，与此约略相同。在随后展开的讨论中，我们会看到这种有些学究气的划分常常能帮我们避免一些因为概念定义不清而产生的不必要的麻烦，比如困惑学界几十年的"中国古代到底有没有科学"之类意义无多的问题。

如果略去参考文献和注释、扩展阅读和有关链接的建议，维基谈论"科学史"的文章正文按时间顺序分为五章，和通常的历史教科书的划分相应。第1章"早期文化"，逐一讨论了古埃及、近东、希腊罗马、印度和华夏文明的情形。除了有些不伦不类地把"希腊罗马"归到这一章而且排在印度和华夏文明之前，其编排和西洋通行的或约定俗成的四个古代文明的分法相合，称之为"早期文化"当无不可。至于和其他几种文明相差千年的"希腊罗马"混入本章，原其所以，盖因撰写人以为科学必起自希腊，先入为主，遂有此偏差，此处略去不论。如果和上文所谓的"科学"和"科学知识"的提法对看，这些古代文明所涉及的，应该是"科学知识"，这就大大扩展了讨论的范围。注意到在这些"古代文化"中，对自然现象的观察记录和理解消化本来就是基于各个文化对自然的一种综合的思考，所以这种对"古代科学"的考察，除了少数例外，本来也只能是这样综合地、哲理性地讨论。

对"希腊文化"的描述从泰勒斯开始，提到了柏拉图和亚里士多德，包括前者的演绎推理和后者的经验主义，特别是亚氏对动植物的观察。在天文学方面则提到了阿利斯塔克的日心说、希伯克的星表，地理学方面则有埃拉托色尼，甚至还有希腊化时代的、被后世以其发现海域附近的小岛命名的一种机构，所谓的"安提克西拉模拟计算机"，颇为爱好科学史的读者所熟知。虽然这里对用作具体例子的人和事的选择多少有些随意，而且都只有寥寥数语，但作为介绍"科学史"的文字的一章，进而这一章中的一节，进而其中的一个小题目，好像也只能是这样简单描述了。对于一个百科全书的条目，每一个学者，每一个事项，都只能占一到两行的篇幅，这是可以理解的。但是电子传播对于纸质出版物自有一个不可比拟的优势，即无比方便的跨条目链接。以维基为例，对每个专题段落，都有一个或数个这样的链接文章，对所论主题做比较详细的介绍，其中还常常包含一些史实实例，使得读者得以扩充和丰富关于这一专题的知识。更进一步，在这里作者还动用了无穷多的引注：几乎每一个专用名词，每一位学者，都以不同于正文的颜色标识，引向更详细的、有更多描述的专门条目；而这些条目又包含了更多的引注和链接，如此越连越多，直到无穷，让读者真正体会到了"网"的力量。内容如此丰富，几乎把和一个专题有关的资讯收罗殆尽，而读者想要遍读这些相关的内容，竟然成了一种不可能实际做到的奢望了。

接下来一章讨论"中世纪的科学"，分成"欧洲"和"伊斯兰"两段。我们先看"欧洲"，稍后我们还会有机会再极其简单地提一提"伊斯兰"。从经院哲学起，文章简略地介绍了格罗塞特和他的学生罗吉尔·培根，也提到了奥卡姆。再下一章是"科学在欧洲的影响"。这两章从篇幅上说都很简略，大概作者希望有需要的读者可以在主题链接里找到各自所需要的资讯吧。

"欧洲"一段的主题链接"欧洲中世纪的科学"把476年到1300年分成三个阶段，即从罗马帝国瓦解到公元1000年的早期、1000年到14世纪开始的中期和包括14、15两个世纪的后期，再加上一个时间顺序和"后期"相重合的"文艺复兴"。很容易注意到，这一时间段划分的基础，实际上并非基于科学自身的发展；换言之，这种划分是从西洋编年史的时间阶段划分移植过来的，对于理解科学的发展并没有提供特别新鲜或揭示其本质的东西。

在把中世纪划分为三个时间段之后，对每一个时间段又再附上更进一步的链接。对于11到14世纪的"中世纪中期"，就附上了《12世纪文艺复兴》《12世纪的拉丁文翻译运动》以及《中世纪的技术》三篇，帮助读者获取更多更具体的知识。12世纪的翻译运动是以克里蒙那的热拉尔为例介绍的，说到他翻译了 70 多部著作，包括托勒密的《至大论》，还引用了他的传记作者对他的评介。

维基的讨论结构和《不列颠百科全书》的比较

这样"一层深似一层""一事导向一事"的介绍和展开的做法和 30 年前《不列颠百科全书》第 15 版引进的全新结构有些类似。《不列颠百科全书》的这一版分成四大部分：大百科、小百科、简明百科和索引，以后迭有修订增删，但这种编排模式一直没有大的改动。以 2007 年版为例，主体 699 篇文章，单篇篇幅甚至长达 310 页，对编者精心选出的、被认为有特别意义的主题做了深入的介绍和讨论。"小百科"由大约 65 000 个条目组成，这些文字一般不会超过 750 字，提供数量巨大的比较专门的知识性资讯，而所有这些都可以通过一个单卷本的"索引"方便地查找。由其精心设计的标志图识——一棵枝叶茂盛的大树——可以看出，这本编纂于互联网流行之前的大百科，正是想把知识组织成一个互联互通的整体，让读者既见树木，又见森林——这在平面出版物上不容易做到。《不列颠百科全书》第 15 版出版后获交口称赞，认为是把百科全书的编辑艺术推到了极致，但是在现代技术的帮助下，维基和很多别的互联网知识平台，都很容易地完成了这种互联互通的要求。

再回到维基的做法

讨论完"欧洲中世纪的科学"，紧接着是"科学在欧洲的影响"。从中世纪对于理性的呼唤，到以恢复古代希腊精神为号召的文艺复兴，到哥伦布的探险时代，到路德的宗教革命，从历史的大尺度看，欧洲在 15、16 世纪经历的变革确实是前所未见的。这样的编排自有其道理，撰写者显然是想用一种更加历史的考量来讨论中世纪的科学成果。在这一背景之下，哥白尼的日心学说、笛卡尔的机械论、伽利略的新世界体系、牛顿的力学、哈维的血液循环理论，向 17 世纪的社会公众展示了一个新的世界，这个世界和他们以及他们的上一代，乃至上几十代人所笃信不疑的图景很不一样。科学革命，上承文艺复兴的余绪，下开启蒙运动的先河，在这个转折的年代，绝不仅仅是提供一种新的、满足人们的好奇心的图景，而是引进了一种全新的方法，确立了理性的权威。这件事在人类思想史上的重要意义怎么强调都不过分。为此，"科学在欧洲的影响"给出了两个篇幅巨大的链接，"科学革命"和"启蒙运动"，对这一主题做了充分的发挥。

"科学革命"一文，和通常的猜想不同，并没有罗列很多的科学成就或描述崭新的世界图景，而是分三个方面讨论这一段历史：科学方法、新观念以及新的科学仪器。这在很大程度上切中了科学革命的本质。可能考虑到叙述的连贯，具体的史实资料则被安排在更下一个层次的链接之中。"科学方法"一文中，再分为经验主义、培根的科学观、科学实验、数学化、机械论哲学和科学社团等小题目，每个题目也都有相当的篇幅，对各自主题做了相当充分的讨论，确实涵盖了科学革命所涉及的、最有代表意义的各个方面。这时，对自然的探索已经不同于草创时期，科学的领域变得很大，有些领域相互之间的关系也不似密切，先前那种"一层深似一层"的结构，慢慢地变成了"总起分述"：各个小标题下，不同的内容平行地展开。这种分类分学科讨论的做法，在下一章，即第4章"现代科学"中，更加清楚地表现出来。

维基此处选用的，是通常认为比较成熟的科目，物理学、化学、地学、天文学，另外还加上生物学、医学和生态学，所做的介绍自然也是按照分科各自独立的，而且非常简单。这显然是因为另外有篇幅大得多的专题例如"物理学史""化学史"可以查看，而在"科学史"一文中关于"物理学""化学"的文字只不过是一个引言罢了。

无论从编排上还是篇幅上，"化学史"都是一个独立的条目。从"古代史"的青铜时代和铁器时代，到"中世纪的炼金术"，再到17和18世纪的"早期化学"，基本上沿着时间顺序，逐一介绍。玻义耳、伏打和拉瓦锡各有一个独立的章节，之外还讲到了燃素说和氧化理论。接下来是"19世纪的化学"，洋洋洒洒九个小节，基本上按人物介绍了有机和无机化学的发展、元素周期表以及光谱分析术。最后，20世纪，主题是玻尔的原子模型、量子力学和量子化学、分子生物学和生物化学。从时间上说，一直延伸到1995年。

现代科学的一个突出特征是深深植入其认识方法的"分门别类"的研究，无论其研究对象还是所采用的方法，各个学科各自有其独特的规范。中文"科学"一词来自日文，从词源学上说，就是"分科的学问"。物理学当然不同于生物学，遗传学和天文学似乎也很少有瓜葛。这就相当直接地造成了撰写科学史，主要是科学革命以后的各门学科的发展史的一个本质困难：我们一直希望把科学作为一个整体来谈论，但现在必须明白，一旦科学进入了一种成熟的阶段，它就不再表现为一个整体；我们一直认为科学方法是普适的，但现在哪怕是最粗糙的研究也表明，不同的科学学科有着不同的方法。如同我们已经注意到的，正是讨论对象自身特点的改变，主导着科学史叙述和论说结构的改变。科学史的作者们怎么能够把本来是各自为政的题材和讨论对象，捏合在一起，谈论综合的"科学史"呢？

维基和库恩之异

维基百科对于"什么是科学史"的回答，和上一节库恩的回答很是不同——维基是通过罗列内容，通过编排科学发展的过程中的重要事件和人物，来叙述科学发展进程的。至于哪些因素促成或制约了这种发展，他并未费力涉及。这种辞书式的编排，的确帮助读者方便地找到所希望了解的资料，无论是人物、事件，还是所涉及的具体学科的专门知识。在这一点上，电子版的跨领域搜索功能，的确显示了无人可以稍望其项背的巨大力量。对于一个非科学史专业的读者来说，通过阅读相关的条目，的确能很快了解到科学发展的主要事实材料。

但是，对于想更多地从历史层面了解和综合考察科学发展的读者，或者对科学发展的整个画面了解不多的初学者，这里提供的海量信息就有可能把他迅速淹没。在他看来，层层深入的追寻所获得的、一眼看来没有什么明显联系的概念和事件的介绍，纷乱杂陈，完全没有头绪。至于从中整理出、体会到的科学的"发展"，恰如歧路亡羊，常令人如堕五里雾中。更何况互联网提供的信息，鱼龙混杂，良莠不齐，有史料扎实、议论精当的，也有胡编乱造、不知所云的，更糟糕的是网上的信息常不标明作者或出处，令人无法核查比对，使用之困难，似乎更增加了一层。

那么，这是科学史吗？当然，不可否认，这是。这是一种以叙述，特别是按时间顺序的叙述为主要特征的科学史，或者也可以不太准确地叫作"编年史"，其目的在于为读者提供必要的事实，而结构则自然地按时间编排，希望由此可以建构一种前后相继、巨细无遗的序列。这种"编年"的做法，并非维基首创。在纸质出版物时代，各种

"自然科学大事记"之类的图册年表，已非鲜见。作者可能希望通过这样相对客观的编排，给读者留出更大的思考空间，形成自己的看法。这不容易做到，而且从现在科学史撰写的经验看，我们也有理由怀疑，到了科学的专业化高度发展的今天，这是否还有可能做到。以前科学史的撰写者常为资料匮乏所苦，而现在，面对互联网搜索引擎所提供的海量信息，他们必须超心炼冶，如矿出金，如铅出银，按照他们自己的理解，构造完整自洽的画面。

科学史撰写的两个方面

/

上一章库恩的理论性讨论，本章维基面向大众的叙述性讨论，各自代表了科学史撰写的一个方面：曰解释，曰描述。让我们来做一个简单的小结。

对于解释性的科学史，基本的要求是一个理论框架。虽说这种解释性框架应该是研究的结果而不是前提，然而史家在实际写作中，这种理论的认识在他们构造的写作方案中往往占据一种先导的地位。但是，这种看似先行的"解释"，以及由此建立起来的写作框架，又强烈地依赖撰写内容。比如内在学派，其研究对象几乎无例外地是一些发展比较成熟的数理科学，尤其是物理科学。早年由日心学说为代表的天文学革命，由此而来的理论力学，稍后的电磁学说，从法拉第到麦克斯韦，乃至以后的原子模型、量子力学，其自身内部的逻辑是如此明显而强烈，以此为框架的物理学、天文学，其推理的缜密精致，其构造的严整深邃，读起来常令人着迷，常令人不知不觉地相信，科学就是以这种超然的美，行神如空，行气如虹，构造了人类智力的丰碑。科学史就是思想史，就是概念发展史，从柯瓦雷以下，无数优秀的科学史著作，反复向读者们说明这一点。

可是对外在因素的作用也显然不能视而不见，只是其后来发展的情形和库恩在上一章中描写的稍有不同。随着视野的扩大，"外在的"也不仅仅是科学社团地域划分这些因素了。以墨顿命题为中心，科学社会学，以及广而言之的整个文化、宗教、经济、政治、军事都先后成了说明科学发展的不可或缺的要素。这一点对于像生物学、地学或者关系更远一些的如医学等学科的情况几乎是不言而喻的。技术的发展则表现为又一个与科学无法分割的方面。至于希腊传统之外的、非西欧基督教文明所能包含的其他文化，印度、中国、玛雅、巴比伦的传统所表现出来的发展特点，更是无法用"概念发展"这样的理论框架来规范。在这些方向上，经济的、政治的、宗教的、技术的、哲学的、地理环境的，以及统而言之整个社会文化的影响是如此明显，如此不容否认，在柯瓦雷以后60年，这些方面的进展同样强有力地向读者表明，科学是人类的智力活动，但同时也是，或者更是，人类共同的社会活动。

由此可见，所谓内在外在，常不能单独存在，也无固定的非此即彼的优劣可言，只是各自反映了科学发展的不同的侧面。这种理论框架的选取，并非著作者的个人喜好或品位高下，而是他们各自研究的对象所要求、所决定的。

描述和解释中的三个特殊问题

科学史研究的对象，即科学和科学的发展，还有些显然不同于别种历史的地方，于是在解释科学的发展方面，在作者同样也在读者中，常不知不觉地产生两种特别的偏向。第一个值得留意的，是因为科学的成就，特别是在后工业时代，扫荡愚昧，造福人类，如此不容置疑，各个社会阶层、各个集团，无不拳拳服膺。近代以降，"科学"竟自然而然地成了进步、美好和正确的代名词。从这一基本认识出发，对自然的探索，依其后来的发展，就被分成了"对的"和"错的"，"进步的"和"保守的"。为了阐明或构造这样一种不断进步的图景，科学史的撰写有时更多地表现出辉格派历史学的特点，对科学发展做价值评估。第二个方面是，科学的概念和知识体系，以及研究问题的方法和角度，逻辑严整，推理致密，对人的思维方式有着不可忽略的影响。科学史的研究者，特别是在自然科学学有专精的，常比别种历史的撰写者更多地受这种思维方式的影响。这时，科学探索被逻辑化，科学史研究就成了在朦胧昏暗的过去寻找现代科学的幽灵的努力。特别常见的是史家对成功案例的重视，这里所谓的"成功案例"是指那些被后续理论或实验所肯定的研究成果。科学的探索于是变成了指向明确、情节完美的肥皂剧。这种"从胜利走向胜利"的叙述，简化了历史，完全不能反映科学的探索本质。这种预设理论框架和从结论倒溯原因的做法，绝非研究，而其所谓的结论，其实是事先预设的教条，当然是完全靠不住的。

让我们再来考察和"解释"对称抗礼的、科学史的"叙述"方面。读者诸君想必都会同意，历史撰著在本质上就是铺叙故实。柯瓦雷之所以被视为典范，他所倡导并身体力行的严整缜密的文本分析无疑是折服无数后辈学者的决定性因素。叙述所要做的，是提供基本的事实材料；描述有时多一些，有时少一些，原其之所以如此，当是撰述者对读者的知识准备有不同的预设。有时，如"剑桥科学史丛书"的《近代科学的建构》①，作者力求简明，假定读者对事实材料已经有所了解，所以作为例子的史实往往一笔带过；有时，如同一作者的《牛顿力学中的力》②，洋洋洒洒几 600 页，介绍相关人物事例巨细无遗。比较韦氏在同一时间撰写的、主题非常相近的这两本书，可以领悟"描述"和"叙述"的做法和意义。

在讨论科学史的"叙述"时，还有一个特别的问题，

---

① 第 1 章已有提及，此不赘。
② Richard S. Westfall, *Force in Newton's Physics：The Science of Dynamics in the Seventeenth Century*，London：MacDonald，1971. 此书获 1972 年普利策奖。

即如何处理和所论主题密切相关的、无法回避的专业知识。要深入阐发科学的发展，要展示科学研究的精深微妙，甚至仅仅想要把事情说清楚，不涉及科学的具体内容、技术细节，显然是不行的。但对大部分不具备专业知识的读者而言，这样的叙述常令人茫然不知所以，不要说汲取文化滋养，恐怕连蜻蜓点水式的粗浅了解都不可能。一方面要保持历史叙述的连贯，一方面要不断地停下来讲解相关的技术内容，这恐怕是以现代高深的数理研究为主题的科学史撰写中不可回避的一个特别的困难。对此下文我们还有机会再做一些讨论。

"描述就是解释"： 如何通过事例讲述哲学

让我们对解释和叙述的相互关系做一小结。上述对库恩的和维基的做法的讨论，实是想分别说明问题的两个方面罢了。以描述为主的，当然不能没有一种理论的支持。历史不仅仅是，而且在很大程度上根本不是，对过去事件的简单叙述。如果没有一种框架，一种结构上的组织，历史就只能是一种兼收并蓄的纷乱杂陈。以解释为主的，不论撰写的框架是内在的还是外在的，没有丰富和坚强的史料支持，任何理论分析也都只能是无本之木，不可能提供令人信服或发人深省的结论。这样看来，叙述和解释实际上是相互依存、缺一不可的。

更仔细的考察表明，叙述和解释这两个方面还有更加深刻的联系。在谈论因果关系时，我们提到过"逻辑的原因"和"历史的原因"。在科学发展中，这两方面的因素交织，交替出现。在铺叙历史进程时，历史发展的逻辑正深蕴其中，一经阐发，俯首皆是。

有一些文史爱好者，常对解释部分心存疑虑，认为语涉主观，而汲汲然寻求"真实的"叙述。这是昧于对历史书写本质的了解造成的一种误解。案历史总是一种书写，自然必由书写者完成。论题的选取，史料的剪裁，无不反映了撰写者对历史的理解；想要得到一种不受人的主观影响的、"客观的"历史，大概只能求诸上帝了。但是，如能遍采众说，兼收并蓄，也总能看到，科学史所力图反映的，所着力宣扬的，是一种以理性为中心的科学精神，这种精神在人和自然的搏击中，贯串始终。

对于科学史的撰写者而言，描述和解释并不是像内在外在那样被研究对象的特性所制约。研究者采用的方法和视角，完全出自研究者对于研究对象的认识程度和考量，运用之妙，存乎一心。依写作的目的、假想的读者群、研究者的擅长和喜好，撰著者的这种选取在很大程度上是自由的。理想的科学史著作和研究，应该是对于科学探索过程巨细无遗的描述，而其发展的逻辑就在这种描述中自然地展现出来，这就是所谓的"描述就是解释"。果能如此，果能两者兼顾，浑然一体，则自然达到了史家所汲汲然的"通过事例讲述哲学"的完美高度。

4 通史：
对科学发展的整体考量

■ 惠尔：《归纳科学史》，1837

■ 丹皮尔：《科学史：及其与哲学和宗教的关系》，1929

至此，我们讨论了科学史撰写中的"解释"和"叙述"——这是为了行文的方便而做的划分，实际上，如上一章所力图说明的，这两者是密不可分的，只是撰著研究的两个方面而已。没有叙述的解释，空洞且枯燥乏味，自然不能令人信服；没有解释的叙述，杂乱且漫无头绪，殆然使人无所适从。于是如何充分照顾到这两个方面，有理有据，不蔓不枝，一时成了科学史家撰写著作时的一种理想。

惠尔的《归纳科学史》

/

1837 年，威廉·惠尔的《归纳科学史》① 问世。作为专业科学史研究者的第一部专著，这部三卷本通史，"从古

---

① W. Whewell, *History of the Inductive Sciences, from the Earliest to the Present Times*, London：J. W. Parker, 1837. 三卷本，后来 1858 和 1869 年再版时改为两卷本。此书初版有电子版，有 1967 年翻印本，London：Cass。

至今的归纳科学史"，常被看作近代科学史撰写的一个重要节点。牛顿经典力学的巨大成功无疑直接导致了18世纪关于物理学-天文学的认识论基础，尤其是对其真理性和普遍性的哲学反思；休谟关于因果联系的拷问，康德关于认识如何可能的分析，即其显例。惠尔紧随其后，而其看法起于牛顿而略近于康德。他力图说明，人对自然的认识分为三个阶段：先是经验和事实的积累，再是这种感性材料和研究者的"想法"结合，通过"归纳"得到具有普遍性的结论，最后达到以归纳和验证为特征的完成阶段。惠尔所要做的，是一种认识史，所有可以称为"科学"的、关于自然的学问，均得纳入其中，而其通篇所强调的则是被作者称为"归纳"的方法。他要做的，是通过对历史进程的分析，把科学概念社会化，向具有一般科学教育背景的读者推介他从历史的发展中归纳出来的认识论模式。的确，惠尔也确实是当时有能力完成这么一个宏大任务的少数几个学者之一。

惠尔出生在一个平民家庭，父亲是个木匠。他在很小的时候就表现出了相当的天赋，并由此得到了剑桥大学三一学院的奖学金，开始了他在这个伟大的学院里终其一生的学习和教学。得益于剑桥的学习环境，也得益于他几十年如一日的勤奋学习，他于当时的学问，从地学到哲学，从天文学到经济学，无所不窥。对学校管理也多有建树，最后被公推执掌三一学院，直至去世。

让惠尔扬名学界的这部书，在出版175年后的2012年仍有重印，可知其不朽的价值。初版三卷18篇，洋洋洒洒几1600页，从关于物理世界图景的讨论开始，花了三篇讲希腊。这就为通史撰写创立了一个先例，在以后很长的一段时间里，科学的肇始都被定在希腊，而科学也不言而喻地被定义为按希腊方式提问、按希腊方式解答问题的学问。这一做法既为定例，则在无形中排斥了对于他种文化的研究，在稍后第11章，我们将有机会对此稍做讨论，眼下先循此一成例，以免枝蔓。第4篇讲中世纪，这个长达1500年的历史时期，惠尔只用了120页一笔带过。这也是我们预想之中的。在惠尔的时代，关于中世纪的知识当然不能和我们现在的了解相比，而惠尔恰如"造内法酒手而无材料"，也只能这样寥寥数笔交代了。事实上，他也的确随着当时历史学界对中世纪的认识，称这一段时间为"沉闷凝滞的时代"，而第5篇就直接转向哥白尼的16世纪了。

第2卷的主题是"关于力的科学"，包括两篇文字：第6篇讨论"力学，包括流体力学"，第7篇讲"物理天文学"。连同上卷的第5篇，基本上就是我们现在所说的科学革命的最重要的一个方面，这在惠尔这儿也是一场真正的重头戏，篇幅几乎占了全书的四分之一。第8、9、10篇处理"次要的关于力的科学"，即声学、光学和热学。这个题目有点奇怪，考虑到此书撰写的时候正值牛顿力学大行于世而对电和磁的研究尚未充分展开，作者大概认为物理学的这些分支应该迟早会被归并到真正的"力学"之中，所以才这样安排的吧。

惠尔把第 3 卷分成几个专题。第一个专题他称作"力的化学科学"，第 11 篇讨论电学，第 12 篇讨论磁学，第 13 篇讨论电流学。所谓"电流学"，现在连知道这个名词的人都不多了，但在当时，却确实是科学的最前沿。他提到了安培、奥斯特，当然，还有法拉第。这时，距伏打电池的出现不过 30 多年，至于法拉第对电磁感应的观察，直是和惠尔的写作差不多同时的事了。

下一个专题叫"分析的科学"，谈论的主要是我们现在所说的化学，尤其是电化学。19 世纪最初十年汉弗莱·戴维用电解法发现碱金属和碱土金属的辉煌一定让所有的英国人倍感骄傲，惠尔把这段时间称为"戴维、法拉第时代"。

第 15 篇讲矿物学，惠尔称之为"分析和分类的科学"。这听上去和我们今天的说法不太一样，但却实在是当时的学科状况。这是惠尔自己的专业，他的叙述又回到了他先前钟爱的三段式结构，收集事实资料，加入研究者归纳的"想法"，最后验证。紧接着，第 16 篇，动物学和植物学，则被简单地称作"分类的科学"，因为当时，在这些领域里，除了林耐的分类学，似乎还没有什么可以追寻的规律性线索可言。在惠尔撰写这一段时，达尔文还在加拉帕格斯群岛，对着小鸟冥思苦想呢。第 17 篇讲生理学和比较解剖学，在 1830 年代，这可是一个受很多学者关注的重要领域。留意再过十几年，达尔文就要从这里出发，建立他的进化学说。第 18 篇，也是最后一篇，惠尔再回到地质学。

无论材料摭取还是结构安排，惠尔科学史的第3卷和前两卷都有不同。叙述力学、天文学的前两卷，材料引述明显较处理电学、化学、地学、生物学的第3卷翔实细致，章节一般也是按照"准备阶段""归纳阶段"和"验证和演绎阶段"排列的三段式。这种行文结构的改变当然不是作者一时的偏好或疏忽，而是所处理的主题使然。案第3卷处理的，很大一部分是19世纪上半期科学的最新进展，距作者写作最多不过20多年，很多事实尚未充分发掘，很多理论尚未完全成形，要分析这些尚属散乱的材料，整理出一个头绪来，自是强人所难。

至于力学、天文学，情形迥异。在第1卷里，惠尔从亚里士多德的运动分类开始，讨论自然运动和受迫运动，如天体和抛射体。亚氏注意到，前者不需要外力维持，而后者在外在驱动力撤除以后就会慢慢停下来。这一人人可见的现象使得亚氏认为，对于我们所在的月下世界，力是维持运动的必要条件。惠尔说甚至一直到开普勒，学者都受困于这一观念。直到1551年，意大利学者塔塔利亚对抛射体运动的研究才比较清晰地区分了"维持运动"和"改变运动"这两件完全不同的事，而这正是伽利略矻矻然追求的"速度"和"加速度"这两个概念所要描述的状况。伽利略针对他的斜面实验在1638年写道，如果移除所有的障碍，一个在平面上运动的物体，会一直运动下去——如果平面可以无限地延伸的话。所以惠尔说，在推出第一定律时，归纳方法的运用在于构造出一种清晰的对于规律的陈述，这一陈述应该能够囊括先前"准备阶段"所积累的相关事实，通过这种归纳，得出普适的、抽象的定律。第一定律谈论的，是完全不受外力影响的运动，而在现实中，这一条件从来就没有被满足过。物理学所观察到的，是因为阻力的存在而慢慢减缓的运动。稍后胡克进一步注意到，如果使明显存在的阻力慢慢减小，运动被削弱的程度也会慢慢减小，于是研究者就得到了一种对于阻力的认识：既然我们可以确定阻力越变越小时速度越来越接近恒定，那么可以想象，当阻力变为零，运动体的速度应该维持不变。这就利用"外推"得出了物体在无阻力的情况下会保持无限的匀速运动的结论。而自古以来关于运动必须由一种外力来维持的看法，正来自现实中无处不在的阻力，这就限制了我们对于无阻力运动的认识。惠尔由此指出，谈论匀速直线运动的第一定律实际上是通过一系列关于非匀速直线运动的实验证明的，抽象的定律是通过具体的实验证明的，利用归纳方法，人的认识得到了延伸，进入了他们的感官所不能进入的领域，"人们最后通过实验确立了一条不能用实验演示的定律"。

惠尔花了超过 60 页的篇幅细致地讨论了"伽利略时代"，如何从资料纷乱杂陈的"准备阶段"到把观念和事实结合、形成因果表述的"归纳阶段"，最后到推广建立普适定律的"验证和演绎"。他认为，"归纳"是整个科学认识发展的关键，从个例到普适的规律，从有限到无限，从具体到抽象，全都由此实现。对于潜心留意科学发展，研究其方法论特性的学者，归纳方法的巨大力量，在 19 世纪初年应该是不难体会到的。

惠尔的"解释性"叙述方式

从现在回看经典力学建立以后的一个世纪，不难发现物理科学一直匍匐在牛顿的辉煌之下。首先是"力"尤其是"引力"的概念，就完全建立在一种归纳方法之上。从炼金术实践提示的化学亲和力到神秘的磁力，从"物质固有的力"到"外加力"到"离心力"到"向心力"，再到"吸引力"，这些在不同的实验中表现出来的，并不能相互转化或等价地导出的、作用形态各异的东西，怎么可以归并为一个大家称之为"力"的单一概念呢？如此把特殊的、具体的事实抽象为一般的、普适的概念，是怎么做到的呢？

更进一步看，伽利略又怎么能把基于对木星卫星的观察结论和月地系统做类比，进而推广到整个太阳系，认定这就是哥白尼所描绘的宇宙图景呢？牛顿凭什么有把握说"把太阳置于六个主要行星的中心的力量，也就是把土星置于它的五个卫星轨道的中心、把木星置于它的四个卫星轨道的中心、把地球置于月球轨道中心的力量"？的确，我们有十足的理由问，这种由有限个实例向外延伸的做法，这种由有限个特例到普遍规律的推广，这种没有任何实验基础的跳跃，这种想当然似的推理的基础是什么呢？牛顿正面回答了这个问题——不是用物理学或天文学，而是用哲学，即他的伟大著作中开宗明义地开列出来的四条"推理法则"；他利用自己为自己设立的法则，保证了这种归纳方法的合理性。在《原理》中，他明白宣称："除了那些真实而已足够说明其现象者外，不必去寻求自然界事物的其他原因。""对于自然界中同一类的结果，必须尽可能归之于同一种原因。"这就确立了研究的方法，限制了无穷尽的形而上的纠缠。这是为归纳方法设置的规定，对于牛顿来说，从个别到一般的推广的合理性、真理性和普遍性，就这样在这些哲学论断上建立起来了："在实验哲学中，我们必须把那些从各种现象中运用一般的归纳而导出的命题看作完全正确的，或者是非常接近正确的，……在没有出现其他现象足以使之更为正确或者出现例外以前，仍然应当给予如此的对待。"

牛顿没有证明，他只是说明了他的做法。他在为自己的做法立法，可是他并没有给出这种立法的依据。他当然深知这一点。就像爱因斯坦说的，牛顿的伟大常在于他深知自己的弱点。《原理》发表以后的几十年中，牛顿一直在苦苦寻求对这些哲学论断更加坚实的支持。他于是又补充说，他可以这样做，是因为"大自然是很自适和简单的"，在另一处他又说"自然本来就是和谐的"。他把原先的推理法则，一种方法论的规定，推到了"自然"，一种对研究对象特性的观察和概括。但是这其实并没有帮助他走得更远——你只看见了自然的有限的、极其有限的部分，你只有有限个、极其有限个例子，你怎么能对整个自然下结论呢？"自然本来就是和谐的"这个论断，本身是一个归纳的结果。这种以部分证明整体的做法，不正是归纳法的核心吗？你是在用归纳法证明归纳的合理性，不是吗？在谈到概念的时候，正如黑格尔在《哲学史讲演录》中说的，在牛顿这里，本来是反思结果的东西，却被表述为最初的根据。一语中的。

在惠尔撰写《科学史》的时候，关于牛顿的，或广而言之关于自然科学的认识论基础，已经是哲学界的热门话题。休谟提出的著名诘难，至今仍没有人能够在逻辑或理论的基础上给出令人满意的回答，遑论当时。的确，正如黑格尔所说："普遍性是一个不能由经验提供给我们的规定，……可以说，休谟的这种说法是一种完全正确的说法。"

但是，牛顿所建立的经典力学的成就如此辉煌，足以掩盖这种隐藏在理论结构最深处的哲学上的苍白。惠尔所醉心建立的，是一种基于历史研究、基于自然科学成就的认识论模式。在他那个年代，由休谟到康德，认识论是一个大家很关心、很感兴趣的题目。惠尔把他关于物理科学和天文学的历史叙述，在《归纳科学史》的前两卷，全部按"准备阶段""归纳阶段"和"验证和演绎阶段"安排，就是要着意宣扬这样一种认识论模式，先是搜集资料即感性材料，进而和科学研究者的固有"观念"相结合，通过归纳成为"定律"或"规律"，最后扩展成带有普遍性的理论。稍稍留意这种理论结构，康德的影子清晰可见。只是惠尔不像康德那样强调知性范畴的先验特征，而比较模糊地称之为"想法"或"观念"罢了。

惠尔带有强烈"解释"意味和哲学取向的《归纳科学史》为科学史的撰写和研究树立了一种典范，极大地影响了以后的科学史研究和写作。惠尔的书出版近百年后，同样是一位剑桥的学者，重新拾起了这个话题。

丹皮尔加强了文化史的色彩

/

威廉·丹皮尔，出身世家。和惠尔一样，也在三一学院受教育，毕业后在著名的卡文迪什实验室做研究，成绩斐然，34 岁当选为皇家学会会员。有感于惠尔著作关于历史和哲学的"谨慎周详的判断"，考虑到科学本身和科学史研究在过去的一个世纪里的进步所提供的大量新鲜资料，他决心"效法"惠尔，重新写一部科学通史，梳理科学和人文方方面面的关系——这就是《科学史：及其与哲学和宗教的关系》① 的肇始。此书一出版就大受欢迎，不到半年即已售罄，以后迭有重印，到 1958 年，达 21 次之多。早在

---

① William C. Dampier, *A History of Science and its Relations with Philosophy and Religion*, Cambridge：The Cambridge University Press, 1929. 以后迭有重印，1947 年第 4 版是作者生前最后一个修订版。国内现时通行的，是李珩等据原书这一版的中译，《科学史：及其与哲学和宗教的关系》，北京：商务印书馆，1975。下文叙述如无特别声明，均从李译。

1946 年，此书第 1 版即由任鸿隽、李珩和吴存周译成中文，1975 年又由李珩按第 4 版重新整理，张今校阅，商务印书馆发行。此书不仅属于当时少数几本译成中文的科学通史[①]，而且因为涵盖的学科面广、讨论常涉哲学和宗教之类在当时尚不甚开放的领域、译笔典雅流畅而深受欢迎。我国老一辈科学史研究者咸受其惠，或者竟可以说这一代学者大多是由此进入科学史研究领域的——就是在出版 90 年后的今天，仍旧是国内广大科学史读者的最重要的入门书。

丹皮尔说他"效法"惠尔，当然不是规规然循其旧制。细看丹皮尔所著，贯穿全书的主旨与惠尔很不相同；若以讨论的时间段而论，则更像是惠尔著作的续集。除了一个综述性质的绪论，丹皮尔以"起源"开头，简要地介绍了史前文明各个时代的文化。利用直至 1920 年代的人类学研究新成果，作者认为工艺、工具和例如火的使用这些"不那么浪漫的人类活动"，可能和精神信仰特别是巫术一起，共同构成了科学发展的基础。全书正文共 12 章，第 1 章"古代世界的科学"大部分和惠尔著作类似，谈希腊，只是在此之前又加上了几小段谈巴比伦、埃及和印度。接着第2、3、4 章处理中世纪、文艺复兴以及牛顿时代。在早先的版本中，这一覆盖经典物理学的时代一直划到 1800 年，直接和"19 世纪的物理学"相连。可能考虑到在非物理学-天

[①] 当时另有周熙良等据 Stephen F. Mason, *A History of the Sciences*, Collier, 1962, 译出的《自然科学史》，上海：上海译文出版社，1977；伍况甫据 John D. Bernal, *Science in History*, Watts, 1957, 第 2 版译出的《历史上的科学》，北京：科学出版社，1959，这一译本后来在 1977 年重印。

文学领域，18 世纪并不能完全归入牛顿时代，在后来的修订版中，18 世纪的发展从牛顿时代的后半部分拿出，自成一章，内容也小做调整，是为第 5 章。

接下来作者用了接近四章、占全书三分之一的篇幅谈 19 世纪的物理学、生物学、科学与哲学思想，以及 19、20 世纪之交的生物学和人类学。有趣的是，如果和惠尔著作的第 3 卷对看，不难发现这简直就是对惠尔所谓的"次要的关于力的科学"的重新讨论。

丹皮尔显然注意到，19 世纪的科学迥然不同于牛顿时代。1800 年的伏打电池开启了物理学的全新领域。以后接踵而来的实验事实和理论解释，电流的性质，法拉第和奥斯特的电磁效应，乃至几十年以后麦克斯韦和赫兹的电磁场和电磁辐射、物理光学和光的波动理论、能量及其守恒的概念、热力学和熵的概念，完全重塑了物理学研究的内容和方法。除了库伦利用和万有引力的类比归纳出了静电力的平方反比作用，牛顿 100 年前的辉煌就好像是一个德高望重的老爷爷，虽然备受尊重，但实际上已很少参与具体的家庭事务了。19 世纪物理学谈论的，不再是牛顿所面对的、看得见感觉得到，凭借素朴的直观就能把握的实体，而忽然变成了人的感官所不能直接感知的对象，理论也超出了人的常识所能理解的范围，这就在哲学上产生了深刻的影响。

另外一个方向是生命科学。毋庸置疑，进化观念和进化论是 19 世纪的生物学，乃至 19 世纪科学的核心。虽说演化的想法来自康德，但若要论真正为学界所认真对待的，把博物学带进精密自然科学领域的，还是在这百多年中地质学、古生物学的研究和地理探险所积累的数量巨大的事实材料。一旦优胜劣汰的进化机制和这些材料相结合，整个图景就豁然明朗了。然而和至此为止的大部分科学发展的事例不一样，进化论从一开始就不仅仅是书斋的产物，其起源和繁盛都要追寻到遥远的帕塔勾尼亚和爪哇。更不用说生物起源和创造从来就是上帝专属的话题，而现在必须面对科学的挑战；至于对于落后物种的淘汰，又和当时蓬勃发展的自由资本主义以及稍后的帝国主义的价值观念暗相契合，为社会发展的理论提供了似是而非的科学支撑。在科学发展史上，从来没有一种学说，像进化论那样在一般民众中引起如此巨大的骚动；从来没有一科专门学问，像19世纪的生物学那样吸引了各种各样未经训练的作者，写出了如此之多的奇谈怪论和想当然的发挥。

丹皮尔显然是注意到了这一科学向哲学提出的新问题，即科学观念向社会学、经济学、人类学的转移，科学概念向非专业的人群，甚至是仅仅受过有限教育的民众扩散产生的问题，简言之，是科学观念的社会化问题。在对19世纪物理学和生物学的进展做了细致的描述以后，他另辟一章，第8章，专门讨论"19世纪的科学与哲学思想"，包括"进化论和宗教""生物学和唯物主义""科学与社会学"等等。面对19世纪科学在传统的力学、天文学领域之外的，特别是生物和生命科学领域丰富多彩的成就，丹皮尔认识

到，科学所涉及的认识论问题以及科学的认知对象的哲学
特征，已经不能以惠尔所期望的单一模式来规范了；而且，
可能更重要的是，不仅社会环境影响了科学，科学更以前
所未有的方式影响了社会的发展进程。

19、20 世纪之交的二三十年，1890—1920 年前后，是
现代科学的一个灿烂时代。遗传学、生物化学和病毒免疫
学把人的认识推进到了科学以前从未梦想过的最精深微妙
的生命领域，量子论、原子模型、放射性和相对论对科学
从来奉为圭臬的最基本的信念提出了直接的挑战，对银河
系和遥远星体的研究把科学的视野一下子扩展了亿万倍。
从第 9 章到第 11 章，丹皮尔花了三章的篇幅介绍了科学在
这三个方面的进展，对这些进展做了充分的描述。然后，
在第 12 章，紧接上文，做了大段的哲学认识论的讨论。他
认识到："归纳法叙述起来是很容易的，而要证明归纳在逻
辑上的有效性则颇为困难。"他指出，归纳的成功，"洞察
力，想象力，或者天才都是需要的；首先要选择最好的基
本概念"，其次要有一个临时的"定律"作为工作假设，再
进一步以观察或实验加以检验。实验知识的增加，又引出
假设性的新的关系，提出可能正确的假说，最后通过"忍
耐、毅力和实验技巧"，验证假说的正确性。至于在科学研
究过程中无处不见的归纳方法，丹皮尔引证了凯恩斯的工
作，认为"实例越多，自首至末不存在第三种变更因子的
可能性也就越大"。科学的认识，像丹皮尔明确指出的那
样，起于经验和实验，因此，科学如果仅仅依靠自己的方

法，是不能接触到，更遑论解决形而上学的实在问题的。对科学的哲学基础的研究，也不再是先假设完备的哲学体系，再由此推出其特殊的应用，而是像归纳科学那样，先研究个别的问题，再慢慢地把它们成功地拼凑在一起。

科学的专门化给通史写作造成了困难

通史的写作，在于通博。撰写者所追求的，是通过从古到今一以贯之的叙述，给出科学发展的全景式画面。基于这种描述，科学史家更进一步，力图找出人类认识的规律，以及放之四海而皆准的方法。他们所注目的，不是研究的细节，不是单个的成果，而是这座宏伟大厦的整体结构。在惠尔动笔撰写科学史的 1830 年代，对自然的研究还完全笼罩在牛顿力学的辉煌之中。惠尔渊博，虽然未必敢说是驾驭自如，终究是以一己之力完成了这部大作。到了丹皮尔的 1920 年代，量子理论和不连续性对于传统认识论的破坏，对于科学史和认识论哲学的研究者而言，正在渐渐显现。以达尔文革命为代表的生物学，经过 19 世纪后半期的发展，好像也不能全数尽入牛顿彀中，尽管其归纳方法仍然常常是相通的。科学，甚至单单是生物和生命科学的发展，就已经不是任何一个学者所能单独把握的了。丹皮尔本人受过当时可以想象的最好的系统教育，身处剑桥大学的学术环境，本人是农业生物学的专家，学有专精；

从他所列出的简要致谢，又可以知道他的确得到过为数众多的一流学者的帮助，包括物理学、天文学领域的领军人物卢瑟福、爱丁顿和秦斯，哲学和数学方面的一代宗师怀特海，历史方面则有萨顿，最后写成了兼顾宗教和哲学的科学通史。从通史的撰著而言，丹皮尔可能是最后的幸运儿。丹皮尔以后，科学专门化程度迅猛提高，而通史撰写所涉及的学科领域和时间跨度，使得这种包举宇内的努力对于任何人，哪怕是最渊博、最有才华的作者，都构成了巨大的困难，也提示了科学史研究者必须另辟蹊径，使科学史的研究更上层楼。

5 断代史：
岂止一时一地

■ 艾伦狄博斯：《文艺复兴时期的人与自然》， 1978

■ 格利斯庇：《法国旧王政末期的科学和政府组织机构》，

　　1980

"断代"的选取

/

和鸿篇巨制的通史不同，有时候作者选择把他们的注意力和论述重心限制在一个特定的时间段中，这就是本章标题中所戏称的"断代史"。这是借用我国史学体例的一个说法，其实并不十分恰当。在历史学的撰写中，"断代"似乎不是一个大的问题：宋史自然是从黄袍加身的赵匡胤到负帝蹈海的陆秀夫；西汉则是高帝元年到地皇四年。这种从《汉书》开始的写法，随王朝起讫；而这种一朝一论的划分，对于典章制度、政治运作、经济发展的陈述自有其内在的根据，叙述上也有其方便之处。但就科学史而言，这一考量似乎并不一定可通。本文戏用这个术语，只在强调这是一种不同于通史，也不完全类似于其他专科史的考察角度，而在科学史写作中似乎特别值得一提。

科学史的"断代"，即时间段的选取，当然可以简单地用与论述内容关系并不太大的编年划分，如杜加的《17 世纪力学史》①，但更常见的根据，是与主题相关的、内在的文化因素的考量。于是，怎么"断代"，或依据什么来确立我们的研究在时间上的起讫点，就成了首先要解决的问题。这就涉及研究者对在某一时间段中、对关于所论科学问题发展的、有着特别重要意义的要素的领悟和认识。这种时间段的选取，似乎较之我们上文所谓的依王朝兴衰的"断代史"划分更为主观和自由，但本质上是考问研究者对于他所要讨论的主题的把握，而这一理解和把握将最先和最终决定所论研究的成败。细检科学的历史，如上文我们反复说明的，推动或制约其发展的，有时是其内在的逻辑，有时是其外部的需求，有时受当时当地哲学思维的制约，有时又影响甚至造就了一个时代的思想和哲学。要厘清科学发展和这些因素千丝万缕的关系，必须细心地分辨出各个时间段的特征，以及这些特征和科学发展的相互作用：科学在什么环境中成长，而长成的科学又如何在这一特定的时间段内留下历史的印记。所以在科学史中，这个"断代"所依据的，常不是王朝更迭，而是一种文化环境的变更。科学作为一种全社会的智力活动，既受制于这种环境，又对这种环境的产生和变迁有所贡献。如果能在科学史的写作中阐明这一点，科学即更加深刻地融入了历史，成为

---

① Rene Dugas, *La mecanique au XVIIe siècle*, Paris: Editeur, 1954. 此书有 Freda Jacquot 英译: *Mechanics in the Seventeenth Century*, New York: Central Book Company, 1958。

其不可或缺的一个方面、一个有机的组成部分，而历史也成为科学史的自然延伸，表现为一种视野更加广阔、色彩更加丰富的背景。

文艺复兴

起于 14 世纪的文艺复兴和两个世纪以后的科学革命前后相随，岂止是简单的时间顺序上的连接。文艺复兴所造成的巨变，在学术的兴趣和风尚：对古代文献的搜寻和批判，对动植物和人体的观察和描绘，对人和尘世的关注，对基督教神学的质疑，以及对研究方法的思考，深刻地改变了整个欧陆的社会生活。而这种巨大的变化，究竟是如何对稍后的科学革命直接或间接地发生作用，文艺复兴和科学革命这两宗人类历史上最重要的事件究竟是如何相连接，前者的精神究竟是如何传递到一两百年以后，深刻地影响、制约了科学的发展，后者又如何深化和物化了文艺复兴的精髓，是艾伦·狄博斯为"剑桥科学史丛书"撰写的《文艺复兴时期的人与自然》一书的主题。①

他把研究的时间段设在从 15 世纪中叶到 17 世纪中叶的两个世纪，约略就是 1450 前后到 1650 年。这一做法真

① Allen Debus, *Man and Nature in the Renaissance*, Cambridge：Cambridge University Press, 1978. 此书有周雁翎中译，《文艺复兴时期的人与自然》，上海：复旦大学出版社，1999。

可谓匠心独具。1448 年，佛罗伦萨的实际当权者洛伦佐·美第奇生；先此三年，波提切利生；后二年，达·芬奇生——以最辉煌的方式宣告了文艺复兴进入了黄金时代。在这个时间段开始的时候，欧洲还没有人知道新大陆的存在，也不知道人体内血液的流向和功用，信奉地心学说则是神经正常的基本标志。200 年后，1650 年，笛卡尔去世；前此八年，伽利略去世，牛顿诞生。这时，人们所了解的宇宙图景，和我们今天大多数人的看法已经没有本质的不同；和哥白尼同年发表的维萨留斯解剖学，也已是学者们耳熟能详的知识；培根在《新工具》中所着力鼓吹的实验方法，也为研究者普遍采用认可——科学革命进入了成熟的收官阶段。这一切，是怎么发生的呢？

作者要回答的，正是文艺复兴和科学革命的关系问题，他所关注的，是人，是自然，以及人与自然。用他的话说，就是人文主义对各门科学和医学长期的、多样的影响，炼金术士和隐秘科学学者对于一种神秘自然观的讨论。他要回答的，正是文艺复兴如何成为科学革命的宏大背景，而人文主义对于人和自然的兴趣如何变成了现代自然科学的先导，尤其是炼金术和关于宇宙和谐的数字学，这两门现在已经消亡的学问，如何最终地影响了我们对理性的神秘的理解。

全书共八章。第 1 章介绍历史背景，全面考察了 14 世纪末到 15 世纪上半叶欧洲的学术气氛：大学教育对新思想的抵制，对古代的热爱导向了对相关文献的搜寻和批判，宗教改革运动同时提升了对希腊语和本地语言的兴趣，观察和实验的方法得到了普遍的认可和赞许，同时数学和神秘主义一起进入了对自然的研究。

第2章谈化学，主要是分析帕腊塞耳苏斯的化学理论和影响。这是作者的强项，细看作者的著作目录，有一大部分是和帕氏有关的研究，包括荣膺1978年科学史学会奖的《化学哲学：16、17世纪帕腊塞耳苏斯学派的科学和医学》①。帕腊塞耳苏斯主业行医，但对炼金术、星占和古典学问有独到的看法，从者日众，卓然为一大家。他们一方面接受人文主义复兴古代学术的号召，一方面又对盖伦和亚里士多德进行严厉的批判；他们强调实验和观察，但又力图把这种方法和隐秘科学的传统和谐地融合在一起；他们当然是科学革命的一个方面，但在数学、天文学的哲学和认识论方面又和当时的自然学者格格不入。的确，帕腊塞耳苏斯正是这种承先启后的转折点上的关键人物，他把神秘主义诉诸理性，又为理性做神秘主义的解释；把对自然的观察和他的臆想混在一起，他一边行医，坚信人和自然是相通的，把植物药物用于他的医学实践，一边用星辰的变化说明人体的生理病理活动，利用宇宙和人体的神秘类比，构造他的理论体系。作者特别提到，为了完成对这一段令人眼花缭乱的历史的研究，常常需要面对许多"表

① Idem, *The Chemical Philosophy*；*Paracelsian Science and Medicine in the Sixteenth and Seventeenth Centuries*，New York：Science History Publications，1977.

面上自相矛盾的东西"。这种讨论当然有助于读者更深入地把握一个时代的风貌，但同时也要求作者对所论时代有精深广博的理解和恰如其分的分析。这无疑对所谓的断代史的作者提出了更为严苛的要求。

在第3章中我们看到文艺复兴对于自然，尤其是动植物界的兴趣在继续发展。紧接着是第4章对人的研究。文艺复兴重新开启了对盖伦和亚里士多德关于人体的经典的研究，而这种研究竟然是以发现和纠正其中的错误和疏漏为特征的。得益于实验和观察的方法，维萨留斯的解剖学和达·芬奇的绘画一同发展，最后，当然，哈维关于血液循环的研究令他的同时代人耳目一新，被后世的研究者称为"对人体过程的第一个恰当的说明"。文艺复兴时绘画对人体的精美描绘渐渐上升到了科学革命对器官功能的深刻思考。然而即便如此，令人称奇的是，对自然的神秘主义解释和解剖学、生理学的实验知识，并存不悖，表现得同样重要。

如果我们循着前两章的思路，重新考察日心学说所代表的科学革命，就能够得到对当时盛行的"人和自然"的隐秘主义传统的一种新认识。第5章简要地介绍了天文学革命，一方面是哥白尼、开普勒的数学和数字学的神秘解释，一方面是伽利略的观察、实验和分析的取向。作者再一次强调说，这是文艺复兴和科学革命早期，科学自相矛盾的最好例证之一：开普勒的灵感来自对宇宙神秘和谐的信仰，但"它却构成了近代科学诞生的必不可少的要素"，这种似是而非的矛盾，是科学革命给人印象最深刻的成就之一。

第6章"新方法和新科学"介绍培根、笛卡尔和伽利略的方法和哲学。这在很大程度上是为第7章"关于化学的论战"做铺垫。在"化学论战"的总题目下，作者介绍了培根的《新大西岛》和康帕内拉的《太阳城》、玫瑰十字会及其维护者与反对者，这场论战引起了诸如开普勒、伽桑狄等大家的注意。这是一场混战，而它所涉及的科学乌托邦、新哲学和化学神秘主义，在后来的科学发展中，却渐渐淡出，慢慢地被牛顿、波义耳和以后的化学革命所代替了。

在最后第8章的总结中，作者特别提到，在前文讨论的化学论战中，甚至还可以更阔大地说，在整本书所讨论的文艺复兴后期、科学革命早期的整个历史阶段中，我们都可以发现，科学的进步远比我们所想象的更加复杂曲折。文艺复兴对于现世世界的兴趣，对于美的追求，使得人对于自然、动植物、人体的兴趣陡增，从达·芬奇精致的素描到哈维的理论，反映了从对形态的描绘到对功能的追寻；帕腊塞耳苏斯医学的理论和实践，对于宇宙苍穹和人体的神秘对应，和天文学革命互为表里，彻底抛弃了亚里士多德天地二分的世界图景。一边是妙不可言传的隐秘科学，一边是眼见为实的观测和实验。所有这些，深刻地反映了文艺复兴和科学革命的联系。作者狄博斯是帕腊塞耳苏斯的专家，他笔下的文艺复兴到科学革命这一段历史，确有深刻独到之处。在这样的一个深远广阔的背景下，考察科学的发展，就不再是简单地叙述和孤立地展示科学的成果，而表现为一种对历史发展的铺叙和追索，从而成为历史一个不可分割的部分。

法国革命

这种"断代"研究的又一个明显的好处是，因为所处理的时间段相对较短，比之通史综述式的介绍，可以做更细致的追寻，考察更多的方面，或旁征博引，或穷本溯源，作者有更阔大的腾挪空间，可以从容地对一个时代做全景式的描述。格利斯庇的《法国旧王政末期的科学和政府组织机构》[①]（下文简称《旧王政时代》）用了密密麻麻的550页，讨论了法国大革命前的15年，即1774到1789年，科学和政治、机构、组织的关系。用作者自己的话说，这既不是内在史，也不是外在史，而是一种社会生活史。他所要描述的，是这一时间段中法国的科学和国家的政权，科学人和政客，简而言之是知识和权力，方方面面，这些看起来互不相关的东西以及它们的相互作用。

第1章"国家之于科学"从时任法国总理的杜尔格的改革开始，介绍了法国革命前的情形。作为自由派经济学

---

① Charles C. Gillispie, *Science and Polity in France*：*The End of the Old Regime*，Princeton：Princeton University Press，1980.

家，1774年上任的杜尔格，面对当时严峻的经济形势，在行政和法律层面上开展了一系列的改革。杜尔格首先是个学者，出入讨论时尚学问的沙龙。他的基本经济思想属于所谓的重农学派，早年撰文，假托和两个中国留学生，郭同学和王同学，讨论了100个经济和治国的问题，条分缕析，一时风行。执掌政府以后，出于很实际的原因，他把科学列为国家发展和安全的要务。与此同时，我们耳熟能详的、当时叱咤科学界的数学家、天文学家达兰贝、拉普拉斯、拉格朗日，和杜尔格的改革竟然都发生了这样那样的瓜葛，依次登场。负责军火生产的不二人选是拉瓦锡，这时他正任职总管火药和爆炸物制造的行政总监，一边是案牍劳形，一边又在巴黎军火库中的实验室里研究氧化学说。作者花了整个第6小节，几20页的篇幅，细致地描述了拉瓦锡在军火生产方面"既是行政的又是技术的"改革。问题主要是硝石。拉瓦锡必须同时面对科学院和垄断硝石生产销售的行会，处理与工业和商业利益纠缠在一起的科学和技术的问题：在实验室里关于氧化学说的理论工作，在硝石产地的充满危险的爆炸试验，和供应商、市井商贾的讨价还价，和官僚机构的冲折周旋——这些很不相同的工作交替进行。这和我们想象的"科学史"有些不一样，但科学确实就是这样成长的。

第2章"科学之于国家"逐一讨论了法国的科学机构的组成和管理。从科学院，到巴黎观象台，到法兰西学院，到植物园。法国的科学机构常常被冠以"皇家"的头衔，明显隶属于国家权威。政府的首脑就是科学院的首脑,从路易十四到后来的拿破仑,这个传统保持了100多年,直到20世纪初才真正改变,由有科学背景的彭加勒担任。

第3章讲科学和医学,论题覆盖医学学会的出现和组织、外科医生和药剂师、公共卫生和政策,甚至医院和监狱。第4章紧随上一章,谈论从事医学和医疗服务的人,或者假装从事医学和医疗服务的人,如江湖上的巫医和骗子,还有催眠的术士。可能会令读者意外的是,作者花了整整40页的篇幅讨论了让-保罗·马拉,法国革命的传奇人物。原来被人景仰的革命领袖马拉只是在他生命的最后十年才投身革命的,而在此之前,他是一个科学人,一个热切地渴望进入科学界从而扬名天下的人。1779年他写成《火的物理学研究》,包含166个实验,反对当时流行的对火的本质的解释,提出火不过是一种"燃烧的流体"。他把这篇论著提交给法国科学院,科学院的审查小组认可了其中的一些方法,但对其结论有所保留。但是马拉本人在稍后出版该论著时,竟暗示整本书得到了科学院的赞同和认可,语涉标榜,这就引起了拉瓦锡的不满,最后迫使科学院追回了先前已经发出的、对他颇为正面的评估报告。几乎同时,马拉又撰文在"关于光的发现"方面挑战牛顿的光学理论,认为牛顿混淆了衍射和折射。稍后,他又把据说是他做过的214个关于电的实验结集成书,出版发行。火、光,还有电,单从书名看,我们就知道马拉的研究覆盖了当时科学研究最前沿的几乎所有的热门话题。显然,这个体制外无师自通的年轻人，对将来的出人头地不仅有热切的期望，而且还认为已经胜券在握。从250年后的今天来看，平心而论，他的不少实验和见解都还确有可取之处。但是，几乎他所有的科学工作都被法国科学院或当时科学界的大人物不问青红皂白地拒绝了。在后来的历史研究中，这种轻蔑的否定有时被称作科学专制主义，或者是科学规范的排他性；而在当时，对马拉说来，这就是一种不可承受的羞辱，这种羞辱来自体制，激发了他对体制的反感和反抗，后来进一步发展为对科学整体和社会的反感和反抗。

在这里之所以用重笔讨论拉瓦锡和马拉，是想从这一视角考察当时的官僚机构和科学管理集团的关系，从国家和科学的相互作用来看历史。作者所强调的，主要不是，甚至根本不是他们个人的科学成就，而是他们在这一特定时间段中的事业追求，友朋交往，他们全部的喜怒哀乐，或者这就是作者所说的社会生活史。拉瓦锡身兼科学家和官员两种角色，马拉从热爱科学锐意进取的研究者变成一个反体制、反科学的狂热革命者，确实从多种视角为读者提供了旧王政时代末期科学人的社会生活画面。这就避免了把科学成果当作孤立的奇迹来炫耀、把科学家浅薄地偶像化为神奇的超人，也避免了图解历史的僵化的说教。

从第5章起，论题再扩大为科学对社会的作用，篇幅占全书的三分之一强。从贸易和农业起，第6章讲工业和发明，重点在国有企业，包括纺织、矿山、冶炼和造纸。

第 7 章，也是最后一章，讲民用和军用工程。有鉴于此书第 10 章我们还有机会专门讨论技术和工业，现在先略过这一方面的细节，以避免主题的重复和枝蔓。

纵观全书，杜尔格的改革及其对构建法国科学的作用可以追溯到久远的以前，对久远的以后也发生了重要的影响。在这个时间段，突出的历史文化特点是，官僚和政客把科学的发展当作一种工具，而科学家则一方面寻求政府的支持，特别是资金和名义上的保障，一方面又极力抵制"政治化"，这一格局在法国旧王朝末期特别明显。为了阐明这一点，格利斯庇写道，深入当时的社会，深入到这一时间段的众多人物中，和他们生活在一起，考察他们应对各种问题的态度，这才真正进入了历史。细心品味这个时间段和此书主题的选取，可以看出科学界和政府，科学人和政客，是同一考量的两个方面。为了厘清这一段历史，必须聚焦这个阶段最突出的社会问题，为了研究这个问题，必须深入考察整个时间段的大背景。

再论断代的研究

自然，这种断代史的研究，并不能被一般化或格式化，而必须细致地考察每一个阶段的文化和社会特征。格利斯庇举例说，如果研究者选用的时间段是工业革命时期的英国，那么私有企业和科学的关系就会是一个很有意思的注重点。同样，如果是一两百年前的俄国或日本，现代化、是接受还是抵制西方化就应该是整个历史变迁的大背景。如果是 19 世纪的德国，文化背景和哲学可能就是更重要的一个因素。至于 20 世纪的美国，经济发展和政治的关系应该是一个很有前景的研究方向。循此类推，我们或许可以说，在古代中国，对于自然的观察角度和理解模式完全不同于西洋，如果不考虑这种时代和文化的背景，就很难对西学东渐的历史及其后续事件做有意义的探究。现代科学进入我国学人的视野，技术引进和消化以及紧随其后的一日千里的开发，都必须在特定的历史阶段中和更加阔大的政治经济文化背景下才能得到准确的解读和深入的阐发。

科学，或者宽泛一些地说，人对自然的探索和理解，和人类历史发展有深刻且明晰可见的关系。天文学革命之于康德的哲学，达尔文的进化论之于这一两百年的思想和社会发展，原子结构和原子核物理之于当今的国际关系和政治，岂止是影响，简直就是历史发展的根本要素。反过来，航海对于天文学的要求，工业化对于物理、化学乃至矿物学、地质学的要求，医学、病理学对于分子生物学和遗传学的要求，又极大地促进了与其相关的领域的纯科学研究。我们稍后还有机会看到，科学作为历史发展的一个要素，科学史作为文化史之一部，二者密不可分，这在现在恐怕没有人会提出异议了。这样高度综合的研究，对科学史研究者提出了额外的要求：教育背景是科学专业的，要具备历史学的训练和素养；学习历史学的，要有能力理解自然科学高深的技术细节和理论框架。这不容易。

我们在这里谈论的《旧王政时代》在发表的第二年获美国科学史学会的年度最佳著作大奖，因为它提供了科学史研究的又一种典范。作者格利斯庇先生毕业于卫斯理大学，主修化学。第二次世界大战期间在美国陆军服役，担任迫击炮炮手，驻在法国。这是他日后对法国文化和历史情有独钟的起点。复员后在哈佛，主修历史，1951 年出版第一本专著，《创世纪和地质学》[1]。稍后到普林斯顿，创建科学史专业，1960 年以课堂讲义为基础作《客观性的边缘》[2]，在很长一段时间里这是美国多所大学学生学习科学史的主要教材或参考书。1965—1966 年任美国科学史学会主席，1970—1980 年间主编《科学家传记辞典》[3]，同时在普林斯顿主持教学。在长达 60 年的学术生涯中，撰写专著14 部，发表论文 128 篇，书评 49 篇，涉及纯科学、工程技术、社会思想各个领域，从卡诺父子到拉普拉斯，从拿破仑远征埃及到 18 世纪的蒙格尔菲埃兄弟的气球飞行尝试，其内容撷取、行文风格真是"也非内在史，也非外在史"，而是力图从科学和技术的角度察看一个时代、从一个时代的风气时尚察看科学的发展了。

---

[1] *Genesis and Geology : A Study of Scientific Thought , Natural Theology , and Social Opinion in Britain 1790 - 1850* , Cambridge：Harvard University Press，1951. 此书有杨静一根据原书 1996 年第 2 版的中译，《〈创世纪〉与地质学》，南昌：江西教育出版社，1999。

[2] *The Edge of Objectivity : An Essay in the History of Scientific Ideas* , Princeton：Princeton University Press，1960.

[3] *Dictionary of Scientific Biography* , 16 + vol. , New York：Scribner's，1970 - 1980，详本书第 6 章。

《旧王政时代》的写法和柯瓦雷的考察角度很不同。柯氏先师从胡塞尔和希尔伯特学习哲学和数学，后转入法兰西学院。他的著名的代表作《伽利略研究》[1] 发表于 1939年，细致地讨论了伽利略和笛卡尔对于落体和惯性的研究，强调了概念和理论框架对于科学发展的特殊意义，对于从经验和实验归纳出理论结论的认识论模式提出了质疑。但因恰逢第二次世界大战，其对于学界的影响迟至六七年后才完全显现。柯瓦雷一生辗转于多家著名学府，专心于哲学研究，晚年移砚普林斯顿高等研究院，往来友朋多专精于纯科学或思想史，而在科学史方面，他选取的断代是科学革命的中后期，时当以伽利略和牛顿为代表的研究者构建的完整和自洽的概念体系近乎完成。以他所受的教育和所研究的对象看，宜乎有这样的着眼点和结论。尽管后来的科学史研究者从文献解读和模拟实验两方面对柯瓦雷的结论做了重新探讨，但他所代表的"科学史就是思想史"的基本取向确实影响了整整一代人。

柯瓦雷长格利斯庇 26 岁，他的概念史和文本研究在1950 年代风行的时候，格利斯庇还是一个刚刚担任教职的年轻人。但在以后十几年的相处往还中，他们也确实建立了一种亦师亦友的关系。1964 年柯瓦雷去世时，格利斯庇

---

[1] A. Koyre, *Etudes galileennes*, Paris：Hermann, 1939. 此书有 John Mephamn 英译, *Galileo Studies*, N. J.：Humanity Press, 1978；有刘胜利中译，《伽利略研究》，北京：北京大学出版社，2008。

有长文悼念[1]；后来主编《科学家传记辞典》时，格氏又亲自撰写了柯瓦雷传，称其工作是"不可穷尽的"。但是他们的探讨研究却有着完全不同的取向。的确，历史研究，当然也包括科学史研究，绝不同于精密的自然科学的做法，受一种排他性的规范约束，而可以有多种绝不相同的取向。在科学史的研究中，研究者并不预先设定研究的方法和方向，再运用这些预先设定的东西去规范他们的研究。研究的方法和范畴深藏在研究的对象之中，而研究者的任务是准确地把握对象，找到最合适的、他们的研究对象所要求所召唤的方法、基本线索和要素，阐发深深隐匿在历史表象后最发人深省的精髓。

　　这种专注于一时一地的研究，在晚近仍有精彩的发展[2]，着眼于后拿破仑时代的法国、黄金时代的荷兰以及法西斯德国的研究，在最近的十年里频频获奖，极是引人注目。而这些研究的共同特点是，立足于一时一地，而阐发的主旨常深刻悠远，这就不是通常人们所要求的"重述历史事实"所能概括的了。

[1] "In Memoriam Alexandre Koyre," *Archives internationals d'histoire des sciences*, XVII, *67*（1964），149 – 156.

[2] John Tresch, *The Romantic Machine：Utopian Science and Technology after Napoleon*，Chicago：The University of Chicago Press，2012. Harold Cook, *Matters of Exchange：Commerce，Medicine，and Science in the Dutch Golden Age*，New Haven：Yale University Press，2007. Tiago Saraiva, *Fascist Pigs：technoscientific organisms and the history of Fascism*，Cambridge，MA：The MIT Press，2016.

6 列传：
不仅仅是英雄谱

■ 舒菲尔德著普利斯特列传， 1997 和 2004

■ 格利斯庇主编：《科学家传记辞典》， 1970—1980

"科学人"的故事

和上文所谓的"断代史"的说法相比，把科学家的传记，或者说是对科学家的生平研究称为"列传"大概是自然多了。确实，科学是人对于自然的理解，科学研究是人的活动；科学家，或是在惠尔发明这个词之前，我们更确切地说，是"科学人"，作为研究的主体，应该是没有什么问题了。参与探究自然界奥秘的科学人，在面对或令人困惑或令人着迷的现象、在追寻他们心目中的真理的时候，他们究竟是怎么想的，他们为什么会这么想；他们是怎么做的，他们为什么要这么做——常是科学史研究中最不容易准确作答的问题。要回答这样的问题，科学史家必须诉诸这些探索者的时代背景，他们所受的教育，读过什么书，处于什么样的学术环境，得到哪些老师的指点，如何提出和构造问题，他们的实验条件和理论基础，他们探索的手段，他们的朋友、同事和论敌的影响，他们的家庭、宗教信仰、个性以及个人遭遇。总而言之，要了解他们生活的各个方面。这时，他们不再是科学论题的附属，而是一个个活生生的人。他们生活中的种种事变，每一件都影响着他们的想法做法。要回答我们开始时提出的问题，就必须对所有这些方面做细致深入的考察。至于倒过来从对一个人的研究，折射出当时的时代风尚、研究品味，由小见大，则更是一件趣味无穷的事了。

约瑟夫·普利斯特列

/

但是科学家首先是人，他们的思想、喜好、性格、生活是多方面的。要把这些方面都梳理清楚，构造成一个完整的画面，谈何容易。和很多研究者一样，这也是科学史家舒菲尔德最初面临的问题。他的传主是英国人约瑟夫·普利斯特列。普氏以不见容于英国国教为宗教学者留意，以发现氧气在科学史上为人瞩目，著作繁富，学问精深，又历经法国革命，在英国出生又移民到了当时犯上叛乱、人人目为敌国的美洲，从来就是史家的一个热门题目。在互联网上检索，很容易看到专属于他的传记就有十几部，从早先吉布斯备受好评的专论①到近年令人耳目一新的约翰

---

① F. W. Gibbs, *Joseph Priestley*, *Adventure in Science and Champion of Truth*, London: Thomas Nelson an Sons, 1965.

森的通俗本①，而且这还不是完整的书目，还不包括诸如帕廷顿《化学史》②或韦克斯夫人《化学元素发现史》③中大家常见的介绍。舒菲尔德就在这个基础上开始了他的传记研究。

舒著大传分为上下两册，尽管从书名上看似乎并不完全如此。④上册11章，按普氏上半生辗转各处的足迹，从他的幼年说起。普利斯特列1733年生，时当牛顿的科学成就、宇宙图景、哲学观念风靡英伦欧陆之际。他出生于一个平常人家，父亲是个裁缝，但有点奇怪的是，他从很小的时候就接受了相当好的人文教育，特别是语言，从欧洲的主要语言到阿拉伯语、卡尔迪亚语和古叙利亚语，均称精通。据说这些语言能力都是他通过自学获得的，这在18世纪中叶英格兰中部的小城里大概不会太常见。为了阅读《圣经》的古老版本，学习希伯来语间或有之，但这么冷僻的语言和与之相关的《圣经》版本，会给年幼的普利斯特

---

① Steven Johnson, *The Invention of Air, A Story of Science, Faith, Revolution, and the Birth of America*, New York: Riverhead, 2008.

② J. R. Partington, *A History of Chemistry*, London: MacMillan, 1962, v. 3. 以"普利斯特列"为标题的第7章长达65页。这本书的简写本 *A Short History of Chemistry*, 3rd ed., NewYork: Harper, 1960, 有胡作玄中译，《化学简史》，北京：中国人民大学出版社，2010新版，关于普利斯特列的讨论在第6章。

③ Mary Elvira Weeks, *The Discovery of the Elements*, Easton, PA: Mack, 1935. 有黄素封中译，《化学元素发现史》，上海：商务印书馆，1936。1957年有重印本，普利斯特列的相关内容在第4章。韦氏原书有 Henry M. Leicester 修订本，*Discovery of the Elements*, Easton, PA.: Journal of Chemical Education, 1968, 篇幅扩充至近900页，为初版的将近三倍。

④ Robert E. Schofield, *The Enlightenment of Joseph Priestley, A Study of His Life and Work from 1733 to 1773*, University Park: The Pennsylvania State University Press, 1997, 这是上半部；*The Enlightened Priestley, 1773 to 1804*, 也由 Penn State 出版，2004, 这是下半部。

列带来什么呢？除了语言以外，作者还逐一追寻介绍了普氏当年所醉心阅读的三本书，包括牛顿的《哲学发明》、瓦茨的《逻辑和如何正确地用理性求得真理》以及洛克关于人类理解力的高论。

普利斯特列对《圣经》和自然的兴趣与他的生活环境有密切的关系。他从小在"异议派"的教育下长大，这一教派因为和英国国教及天主教教义相左，故卓然独立，无论宗教事务还是日常生活，均自成一体。因为不接受国教，他不能进入诸如牛津、剑桥这样的传统学校就读，而他上学的目的，一开始就很明确地设定在做一个异议派的牧师。这没有问题，好像每个人都自然而然地觉得他将来一定会是个牧师似的。前三章描述的，就是他最初的人生。1755年，普利斯特列受邀开办学校，给学生讲当时流行的"自然哲学"，至于教义，他坚持用《圣经》做基础，逐一检查。他论赦免的论文，引用了无数的经文，力图说明"救赎"并不见于任何经典。对他说来，论说的基础只在理性和常识，而科学关于自然的陈述，常是理性最好的表达，对于教义中的超自然的情节，甚至是三位一体，则一律加以排斥。第4、5、6三章分别讨论他1761—1767年间在沃灵顿的生活和工作：语言和修辞学、教育和传记研究，还有电学。沃灵顿当年是一个中等大小的城市，地处曼彻斯特和利物浦之间，1761年普利斯特列到来的时候，这里处处是工业革命刚刚兴起的繁荣景象。这时英国对异于国教的其他教派的态度也有松动，不似两个世纪前那么严厉，沃灵顿甚至被称作北英格兰的"雅典",普氏所在的学校可以相当自由地运作。他最初致力于语言教学,自己编写教材,特别比较了拉丁语和英语,在英语语法规范化方面颇有建树。至于实验科学,非国教学校本来就比牛津、剑桥给予更多的重视。也正是在这个阶段,普利斯特列开始了他对于电学的研究。1766年初,他写出了《电学的历史和现状》的一个部分。舒菲尔德细致地介绍了这本在后来电学发展史上颇为重要的著作的编排和内容。

第7到11章,介绍普利斯特列1767到1773年在里兹的生活,几乎占了全书一半的篇幅。各章的副标题告诉读者,这是一种全景式的描述:第7章"神学,自然宗教",第8章"宗教,雄辩术,神学",第9章"政治",第10章"电学,透视法,光学",第11章转向他的朋友们,班克、库克和谢尔邦恩伯爵,还有"化学",以及普氏发明的一种碳酸饮料。

舒菲尔德花了七年时间才完成了普利斯特列大传下半册的写作,格式和已经出版的上册稍有不同,但全书仍按地域分为三篇:卡恩、伯明翰,以及普氏度过其生命最后时光的美国宾夕法尼亚的小城瑠申伯兰德(Northen brand)。在卡恩的七年,1773到1780年,为第一篇,其中介绍神学和自然哲学的,占了四分之三的篇幅;而我们以为必然是重头戏的气体,特别是氧气的发现,只有不到30页。确实,他发现氧气的过程从历史上或者从化学上说相当简单直截:1774年8月1日,他使用9寸的透镜聚焦太阳光,加热我们现在称作氧化汞、当时叫作红汞的矿物,得到逸出的气体，后来我们知道，这就是氧气。真正的困难是确认这是一种有别于其他气体、有着自身独特化学性质的东西，并且在我们日常呼吸的空气中到处存在。普利斯特列，也包括后来他在巴黎演示制取氧气的实验时在座的拉瓦锡，以及当时北欧和英法两国的若干位学者，都花了长短不等的时间才最后弄明白了这一点。对于几乎所有传记和相关文章都津津乐道的优先权问题，甚至帕廷顿都不免做了长篇讨论，舒菲尔德却没有再施重笔。在他看来，优先权或许和人物，和时代，和科学的发展都没有太多的关联。

此书的下一篇，即第二篇伯明翰，分六章：科学和月光学会、化学革命、宗教和神学、教育、政治以及最后导致普氏出走美国的伯明翰骚乱，各占一章。最后是他的晚年。这里谈到的月光学会，是伯明翰城里一群对实验科学感兴趣的学者、工程师、商人每月一次的非正式集会，会员包括瓦特、布尔顿、老达尔文等一二十人。这是作者早年的专题研究成果，在这里也做了简要的介绍，普氏与该学会的关系，尤其是他从学会得到的经济上的帮助，对一辈子囊中羞涩的普利斯特列来说，应当是不无小补。

舒著普利斯特列传上下两部，洋洋洒洒 750 页，书末开列的参考文献长达 58 页，作者花了整整 40 年搜集资料、排比事实、研究撰写。他说，"作为一个科学史家"，他要做的，是把普利斯特列这个人和他的工作重新放置到他当时的科学发展框架中去。他要的是一种"公正的评判，既不虚美，也不隐讳普氏的缺憾和不足"。这种缺憾和不足，是放在他当时的大背景和氛围中考察的，换言之，他要把普氏的生平、成就和失误融入18世纪这个大时代的历史中去。凭借着他自己的深入研究，作者对此传充满了信心。他说这一部普利斯特列大传，"即使不是完备的，至少是完全的"，相关的人和事，以及他们对事件进程的贡献都被巨细无遗地织入了历史，在这一点上，舒菲尔德声称，此传是"独一无二的"。舒氏不是大言，该书出版的第二年，就获得了美国化学遗产基金会的年度大奖。

舒菲尔德在普林斯顿物理系完成学业以后，往哈佛就读于柯恩门下。毕业不到十年，即以对伯明翰月光学会的研究[1]斩获1964年科学史学会年度最佳著作奖，是科学史界的主流研究者。他对于传记的品味和撰写方式自然值得我们加以特别的注意。

"里程碑式"的《传记辞典》

的确，传记从来就是历史研究的一个重要门类。《史记》百三十篇，列传七十。在科学史的研究中，传记又有其独特之处。当我们谈论"外在因素"时，传记通过对个

---

[1] Robert E. Schofield, *The Lunar Society of Birmingham*, *A Social History of Provincial Science and Industry in Eighteenth-Century England*, London: Oxford University Press, 1962.

人个例的描述，向读者展现这些因素是通过什么渠道，以何种方式，影响了事件的进程；在讨论"内在逻辑"时，研究者本身认识的发展又提供了科学概念和发明演进的细节，这就展现为一种认识过程。对传记材料的细致研究，使得我们有可能勾画出极其丰富生动的历史图景，探寻研究过程中极其精深微妙的细节。或谓"一切研究从传记开始"，恐怕失之绝对，但所谓"欲知其事，先阅其人"，大概应该是一种很好的建议。

格利斯庇主编的《科学家传记辞典》① 的编纂起于1960 年代，历时几 20 年，到 1980 年出齐，皇皇 16 卷，16开本，10 500 页，800 万英语词，在 1970 年刚刚完成前三卷的时候，就被《纽约时报》誉为"里程碑式的""今后几代人都会对参与其事者心怀感激的"杰作，被《星期六评论》称为"20 世纪最受尊重的参考书"。的确，在将近 50年后、互联网充分发达的今天，我们仍旧能够感受到这部巨著巨大的和不可替代的学术价值。

《科学家传记辞典》，或通常简写作 DSB，正文收录了1970 年以前去世的 6000 多位科学家的传记，介绍了他们的生平、工作以及成就。1990 年代的续篇再补充了 1970 年以后去世的 400 多人。平时为研究者关注较少的，如 6 世纪阿米达地方的医生依第修斯，19 世纪意大利昆虫学家柏拉狄，都有收录。对在互联网搜索发达的今天受教育的研究

---

① *Dictionary of Scientific Biography*, Charles Coulston Gillispie ed., New York:
Charles Scribner's Sons, 1970 - 1980, 16 vol., + 2 vols Supplements.

者说来，这可能并不特别令人震惊，但在 50 年前，这可能是唯一的资料来源了。而且，如果把 DSB 条目所涵盖的内容和现在互联网提供的资料做一简单的比较，我们常常会惊讶地发现，在资料质量和数量上，两者往往难分伯仲。

在科学史，尤其是古代科学史的研究中，有时会遇到那些后来没有和科学发展主流汇合、独树一帜自成体系的文明，如中国、印度、玛雅和两河者是。编者提到为了应对当时确实存在的研究水平和资料的困难，他们特别在书末另辟专文，分地域而不是按人物，介绍了这些文明对自然的认识和研究，包括长达 100 页的论印度数学、天文学的专论，以及两篇两河流域、两篇埃及和一篇玛雅的介绍。对于东亚，有中山茂的《日本科学思想》一文。对于我国学者说来很遗憾的是，由于 20 世纪六七十年代国内特殊的学术环境，尽管当时的编委会曾多渠道设法与我国相关机构联系，但我国学者最终没有能够参加这一工作，而中国科学家传记也仅限于席文和何丙郁等撰写的沈括、刘徽、秦九韶、李时珍等寥寥数篇。

《科学家传记辞典》条目的写作格式常分为三个部分，一是本传，一般从传主家庭背景开始，资料条件允许的话，继以详细的教育和生活经历，再按时间顺序，介绍传主的工作和科学贡献。二是参考文献，通常分为"原始文献"和"二手文献"，前者是传主本人的著作，所选用的一般都是经过仔细考证的善本；后者是研究著作，收录虽称宏富，但并不杂芜，只有研究水准最高、享有权威地位的，才得以位列其中。这一部分在很大程度上可以作为一个目录学的简述，利用这里开列的文献，可以方便地了解直至 1970 年代有关研究的最重要成果。最后，对一些特别重要的传记，一般还另辟"注释"，一如专门的历史论文所做的那样。

本传的篇幅相差很大，一般说来，详略的安排主要是依据编纂者对各个传主工作的理解：其简略者，如上文提到的依第修斯，正文连同参考文献，差强半页；比较重要的，即对科学发展进程影响深远巨大的，自然占较多的篇幅，如爱因斯坦、托勒密、莱布尼兹、麦克斯韦、拉瓦锡，都在 20 页以上——也有少数几位特别重要的，如达尔文、玻尔、伽利略，本传稍嫌简略，未免令读者有些失望。这固然和当时对资料的掌握和研究水准有关，撰写者的写作习惯似也是一个因素，所以稍留遗憾。好在稍后出版的续篇对此又有所补充，甚至重写。

如此书编纂者所说，这里包括的，绝不仅是一种已有素材的简单拼凑，或是辞典式的重述；绝大部分的传记都是撰写者独立研究的最新成果。路易·巴斯德在法国独享民族英雄的地位几 100 年，对他平生事业的记述研究早就是汗牛充栋，然而吉拉德·格生在这个基础上，不法常可，写出的 DSB 本传着实让人刮目相看。

格生以三个简要的年谱开始：一是生平，从巴斯德七岁上小学，到以后担任教职，再到 1895 年去世；二是历数巴氏在长达 40 年的研究工作中所得的各种荣誉、奖金、头衔、职位；三是依时间顺序列举了他研究兴趣的几次重大

转变。三帧年谱相互交错，为全文张目。接下来的一段，
"巴斯德及其历史地位"统领全文，对 19 世纪的时代背景，
巴斯德的学术发展和成就以及他个人的宗教信仰、政治倾
向做了全面的介绍。巴斯德的一生，当然以他的生物、微
生物研究为中心，但是，格生力图向我们说明，巴斯德在
科学上最具意义、最重大和独创的贡献竟然是在最未为人
所知的化学方面。他是天才，但并不如很多人想象的那样
神奇；他贡献巨大，影响深远，但不是革命性的。

　　叙述的第一个主题是巴斯德对酒石酸和消旋酸的晶体
结构、化学成分和光学行为的研究，引进对于原子的空间
排布的考量，开立体化学先河。他第二方面的工作是对发
酵的研究，这一研究直接否认了当时生物界盛行的自然发
生论，而这一方向的研究和当时的工业生产有着密切的关
系；基于对发酵中微生物作用的研究，他提出了后来被称
为"巴斯德法"的消毒程序。从发酵和古老的关于发酵和
疾病的关系的模糊联系，巴氏事实上提出了疾病病原的
"胚芽"即细菌理论，这一理论后来为英国的利斯特医生大
大发挥并付诸临床。

　　格生特别注意到，巴斯德认为他的三个研究方向，结
晶学、发酵、微生物，是自然而然、不可分割地联系在一
起的。巴斯德的研究风格，格生称之为"实用主义"的，
因为在这三个方向中，他都没有做可能的理论追寻。但是
从另一个角度考量，巴斯德又为实验生物学在医学和社会
经济方面开发了无穷多的潜在应用。他对狂犬病的研究和

相关的治疗，以及为此所做的宣传，最终拯救了无数生命，节省了无数钱财。鼓舞巴斯德不断努力的，是他对个人声名的迷恋，对服务国家和全人类的热忱，同时也是为了金钱——倒不是为了自己花天酒地，更多的是为了支持他所热爱的事业。同样出于这种热忱，他在和同行的竞争或批评者的争论中也常常表现得冷酷和不近情理。

巴斯德这种非常实用的科学观和个性使得他在哲学和政治方面完全停留在直觉的幼稚水平上。他效忠第二帝国，他在普法战争以后的著作中都印上"仇恨普鲁士，报仇！报仇！"的文字。在巴黎公社革命时，他又跑到了乡下去研究啤酒的酿造，为的是和德国啤酒竞争。他对宗教和对政治同样模糊，把孔德的实证主义哲学批驳为"几段荒唐的文字"。他为人率性、执拗、极度自信，所有这些，造就了这么一个创新的管理者、挑剔的组织者、优秀的教师，一个"对人类有贡献的人"。

格生在完成"巴斯德传"的第一部分，即这一大段对巴斯德生平的综述以后，分段分主题详细讨论了他的一生。在 20 世纪前半段，流行的是巴斯德的女婿在乃翁去世后不久写成的大传①，出版以后即成大热门，24 年间再版 25 次。但是格生认为此传"尽管广泛地利用了巴氏的通信，提供了详尽的细节，但缺乏科学的视角"；他还称这本书在

① Rene Vallery-Radot, *Le vie de Pasteur*, Paris：Librairle Hachette，1900. 有 R. L. Devonshire 英译，*The Life of Pasteur*，2v.，Westminster：A. Constable，1902。

历史陈述上相当孱弱，"为了把巴斯德描写成一个孤独的天才，牺牲了他更为广阔的科学背景"。格生心目中的理想传记，是对巴氏的科学贡献有真正内行的叙述，如他接下来所做的专题研究。在简短地介绍了巴氏幼年入学之后，作者依次介绍了巴氏关于光学和非对称性晶体的工作，发酵（特别是酒精发酵和醋酸），由此而来的对于"自然生成说"的批判，和布雯的争论，关于蚕病的研究，1871—1886年长达15年的关于发酵的大辩论，对啤酒的研究，和巴斯蒂安的辩论。这些关于微生物的研究自然导向了巴斯德在医学方面的工作，特别是对炭疽病和败血病病因的探究，这又导向了免疫学和免疫接种的工作以及疫苗的发现，直到1881年炭疽疫苗的争论和巴斯德的最终胜出、1881到1884年狂犬病疫苗的发明、1884年以及稍后用于人类的疫苗和巴斯德关于免疫的化学理论。

这个66页的条目，包括8页注释，如果按常见的开本印出来，应该长达150页，一气到底，确实不同凡响。谈到这篇文字，本传作者格生曾不无踌躇满志地说："这是我声名所在。"诚非虚言。稍后，以此为基础，连同后来解密的巴斯德实验室笔记，扩充增补的巴斯德传[①]，被称为"唯一真正专精于巴斯德的科学史家"的"对科学复杂性的考量"。这本书出版的次年，得到了美国医学史协会威廉维尔希奖章的褒扬。

---

① Gerald Geison, *The Private Science of Louis Pasteur*, Princeton: Princeton University Press, 1995.

DSB 领一代风骚

的确，格利斯庇主编的《科学家传记辞典》集中了近90 个国家、1800 多位科学史研究者，以各自研究的强项，撰写了相关的条目，其中有许多是这些学者毕生研究的结晶。其中那些历史上占据重要地位的科学家的生平多出自大师之手，而他们的 DSB 条目后来则成了经典：柯恩撰写的"牛顿"，霍夫曼的"莱布尼兹"，达东的"帕斯卡尔"，古尔拉克的"拉瓦锡"，图默尔的"托勒密"，尤申科维奇的"欧拉"……仅是数例而已，这就保证了整部 DSB 傲视同侪的学术水准。至于当时学有专精的中青年学者，如我们上文提到的舒菲尔德，他撰写"普利斯特列"时刚过不惑之年，以后锲而不舍再 20 年，更进一步，卓然自成一家；而"巴斯德"条目的撰写者格生当时还不到 30 岁，以此条目为契机，专治巴斯德。他们后来的大作，都成了相应领域中领一代风骚的一时之选。

这个规模宏大的项目由美国学术团体联合会主持，计43 个专业协会参与其事，具体事务由起顾问和管理作用的编辑委员会和组织委员会协调。委员会共有 18 个成员，如果不计入主要负责行政、财务等事项的四位委员，其余 14位中有七位是科学史学会最高级别的终身成就奖萨顿勋章的得主，三位是科学史学会的著作奖得主。用现在流行的说法，这真是所谓的豪华阵容了，当之无愧地代表了1970年代末科学史研究的最高水平。《科学家传记辞典》在全书完成的次年，1981年，以其"不同凡响的质量和意义"获得美国国家图书馆（Dartmouth Medal of American Library Association）奖。

为了方便非专业读者的使用，DSB出版的同时，出版商还连带推出了一卷本《简明科学家传记辞典》。十年后，1991年，两卷本的增补本出版，收录了1970年以后去世的以及原书未收或遗漏的科学家的传记。2007年，有鉴于学界对于DSB的好评和实际使用的需求，一个更完整的增订本，八卷本《新科学家传记辞典》[1]出版，收录了约500位晚近去世的科学家传记，传主包括以前未被收录的心理学家和人类学家。另外对原书的大约250个条目或增补，或重新撰写，以尽可能反映最新的研究成果。2008年，出版者又合并"新辞典"和原书，做成电子版《科学家传记辞典全书》[2]，至此前后几40年，这项宏大的工程终于告一段落。

传记研究方兴未艾

DSB以后，传记研究更是佳作迭出。早期威斯特福尔

---

[1] *New Dictionary of Scientific Biography*, ed. Noretta Koertge, Detroit：Charles Scribner's Sons, 2008.

[2] *Complete Dictionary of Scientific Biography*, Detroit：Charles Scribner's Sons, 2008.

的牛顿传①，近年安脱纳扎的莱布尼兹传②，以及最近托德斯的巴甫洛夫传③，均称力作。这些"大传"，连同上文提到的普利斯特列传和巴斯德传，有些值得注意的共同之处，或可再赘一议。

我们首先看到，这些传记通常不仅仅是关于"一个人"的活动记录。以人系事，以事带史，铺叙时代，再从时代反观人的活动，这就使得这样的传记很不同于"行状"的写法，而是由小见大，视野扩充到科学发展的政治经济、文化传统和学科传承的大背景之上。这又有些像我们上一章讨论过的断代史了，而刻画的细致和叙述的生动，犹有过之。在这些著作中，读者会看到牛顿笔记本里潦草记下的收支账目，列宁特批给巴甫洛夫的食品、便笺，于是人物丰满，而科学的发展及其相关的诸因素次第展开，深藏其中的智慧和教益则在不知不觉中渗透扩散到读者中去。当然，由此而来的，是这种传记的篇幅：上述诸传，牛顿传达 900 多页，莱布尼兹传 630 页，巴甫洛夫传 850 多页，至于此书第 8 章将要提到的达尔文传，上下两卷，更长达1300 多页，常令今天习惯于在互联网上读"段子"的读者却步。于是又产生了从达尔文大传衍生出来的简写本《起

---

① Richard Westfall, *Never at Rest*, Cambridge: Cambridge University Press, 1980.
② Maria Rosa Antognazza, *Leibniz: An Intellectual Biography*, Cambridge: Cambridge University Press, 2009.
③ Daniel Todes, *Ivan Pavlov: A Russian Life in Science*, Oxford: Oxford University Press, 2014.

源》，其旨趣稍后再议；又有从莱布尼兹大传而来的《莱布尼兹》①，作为"牛津极简的绪论"丛书的一分子，安脱纳扎把篇幅缩减到 64 开的 116 页，大约相当于原书的十分之一。这种"绪论"，如从所提供的专业分析和丰富史料而言，当然不能和大传相比；但以现在的发行情况而言，显然是大受读者欢迎：到 2016 年安脱纳扎的小册子面市时，这一丛书已出版了将近 500 种读物，当然也包含不少科学史的名目。从"科学概念社会化"的要求来看，不失为一重要助力。

科学家传记的研究对于科学史有特别重要的意义。传记所描绘记叙的，从事科学研究的人从就学到长成，他当时的人文环境，科学的核心问题，他们对于这些问题的考察，或者用康德的话说是对自然界的"拷问"，直指创造的核心，直达这些"科学人"研究的最隐秘的细节。至于他们内心的感受和困惑，成熟的或不成熟的，成功的或不成功的，传记研究常能最贴近创造的真实过程，最大程度上帮助后来的读者回归到当时的历史场景，最能避免在过去寻找现在的影子。这些传记的传主，常是一时之选，他们的传记所描绘记叙的，也常是科学发展史的重要节点，而这些传记本身也构成了科学史研究的一道绚烂风景。

---

① Maria Rosa Antognazza, *Leibniz: A Very Short Introduction*, Oxford: Oxford University Press, 2016.

7 专门史或专题研究：
举轻若重

■ 柯瓦雷：《从开普勒到牛顿的落体问题，文献史》，1955

■ 格利斯庇：《革命时期法国科学和秘密武器的发展：

1792—1804, 文献史》，1992

■ 特里格：《现代物理学中的关键性实验》，1971

■ 黑尔布隆、库恩：《玻尔原子的起源》，1969

为了对科学的发展有更近切的观察，研究者有时会给予一些专门的、看上去细小的问题以特别的关注。这些研究的选题，或者因为年代久远而消失在杳渺的历史背景之中，极易为人轻忽疏漏；或者因为其科学细节专业艰深，一般人文学者骤难企及而令人望而生畏。这种问题看似细小；但探讨却常要求史家用大力气深入，发掘幽微，才能有所斩获。这类问题研究的困难程度，常仅为专业学者所能企及，而其预设的读者，也常是本专业的专家，因此又常被视作研究者学养功力和品味的表现。若以其一事一议、贯穿始终的写作结构而言，又与传统史学的"纪事本末"类似。

柯瓦雷的典范之作

"自由落体"大概可以算作这类问题的一个典型。如果我向一个哪怕只有最基本物理学知识的同学提问，他马上想到的，恐怕是 9.8 m/s^2，或者考试中可能遇到的诸如

"求第4秒末的速度"或"从35米高的楼上落下的石块要多久才能到达地面"。他大概不太可能想到先要确定物体下落的轨迹。如果我追问的话,他大概会向我微微一笑:这当然是指向地心的一条直线——这是太明白了,你问了一个简单得无法回答的问题。他恐怕不会想到,就是这个问题,竟然让诸如开普勒、伽利略和牛顿这样我们平时只能仰望的人困惑了50年。让我们来看看这个问题是如何生成的。

柯瓦雷的《从开普勒到牛顿的落体问题,文献史》[①],讨论的正是这个主题。在亚里士多德看来,重物下落当然是直奔地心,这真是"简单得不能再简单的问题"了。可是随着物体下落加速运动的发现,以及哥白尼的地动说被广泛采纳,一个从高处坠落的重物,以"越来越快的"速度奔向做周日运动的地面,其下落轨迹就不那么简单了。很多学者认为重物会落在起点的西面,牛顿觉得是在东面,后来在和胡克的通信中,他又把轨迹修正为一种终于地心的螺旋线。其实这个想法开普勒早先在著作中就已提到,而开氏的想法可能来自伽利略,而伽利略所读到的对于这一轨迹的分析,又很可能来自17世纪初年的洛克尔。伽利略在他著名的《对话》的"第二天"里曾讨论过这个问题——当然是从对哥白尼地动说的分析和支持出发的考虑,

---

① Alexandre Koyre, "A Documentary History of the Problem of Fall from Kepler to Newton," *Transactions of the American Philosophical Society*, 45, no. 4, (1955), 329 - 395. 稍后出版单行本, *A Documentary History of the Problem of Fall from Kepler to Newton, de motu gravium naturaliter cadentium in hypothesi terrae motae*, Philadelphia: American Philosophical Society, 1955。

提出了复杂的引力和复合运动导向的"半圆理论"。很快，自诩为伽利略在法国代言的麦尔桑纳发现了伽利略著作中的"困难"，他后来连续发表了一连串对这个问题的讨论，提出了他认为正确的解法，还把问题转给了大数学家费马。其实在此之前，布利阿尔德已经对当时流行的各种理论做过"有趣的"评述，而意大利天文学家瑞奇·欧利也参与到这一讨论之中，特别是对重物下落时的加速度有了更明白的表述。在众多的参与者中，波雷里，在利用伽利略等人的物理学说明呼吸的作用同时，对落体的轨迹做了不同于其他人的描述，被柯瓦雷称作"牛顿和胡克之前最好的"解答，成为把数学和物理学分开讨论的第一人。最后，在1670年代末，在大家已经熟知的胡克-牛顿通信中，这个交织着行星运动轨迹、地动学说、落体的加速运动的大问题才慢慢形成最后的答案。

柯瓦雷花了整整65页的篇幅，梳理了对落体轨迹的认识历史。上文所做的简述，只涵盖了他的历史回顾的前半部。在接下来的20多页中，柯瓦雷更加细致地描述了一小群意大利学者，如瑞奇·欧利、波雷里、帕多亚大学的斯坦法诺以及一些更加名不见经传的研究者，对这个问题的讨论。

追寻细节的意义和困难

科学史的细致研究表明，我们认为落体"简单到不能再简单"的轨迹，原来是亚里士多德的直观和经验的产物。一旦"直观和经验"被质疑，整个认识图景就发生了深刻的变化。落体轨迹问题后面隐藏着的这么一个复杂且极为有趣的故事，向我们展示了17世纪新科学在旧知识的基础上另辟蹊径时遭遇的心理和认识论方面的阻碍。在传统和常识的影响下，甚至伽利略和牛顿，都不可能一蹴而就地得到正确答案。这就提示我们，为了真正理解科学的精髓，就必须深入这些极其精深幽眇的细节，否则就只能止于无根的游谈。

　　但是，要清晰地描述这种认识的发展，梳理探索先驱者走过的道路，重现他们的误解和困惑，就必须依靠对这种探索过程的逐点追寻。"逐点追寻"！谈何容易。文章所涉及的史料，包括那些久被遗忘的研究者，用柯瓦雷自己的话说，只能在那些"最大和最古老的图书馆"里才能见到，甚至大英博物馆和法国国家图书馆的馆藏都不能支持这样的研究。慧眼独具地选择史料，对史料的准确解读，对线索的组织和安排，无不透射出作者举轻若重的匠心。在此文的单行本出版后不久，库恩在他的书评①中写道，柯瓦雷再一次把哲学家的直觉和思想史专家的方法结合在一起，利用了为人熟知的和甚为冷僻的史料揭示了思想史发展的一个新模式。库恩认为，和柯瓦雷以前侧重概念的研究相比，这篇文章聚焦的是一个"关键问题"，这一问题正

① Thomas Kuhn, Book Review, *Isis*, 48 (1957), 91.

是牛顿之所以构造他所有概念的基础。库恩的评论是准确的，正是这一研究，成就了柯瓦雷所倡导的"文本研究"的典范。

格利斯庇的"科学和秘密武器的发展"

和柯瓦雷聚焦概念和思想史方面的"落体问题"不同，格利斯庇的《革命时期法国科学和秘密武器的发展：1792—1804，文献史》[①] 讨论的是法国革命时期科学研究武器化的实际运作。据作者自己说，对这一主题的关注起于1945 年 8 月 6 日，他的 27 岁生日。作为一个在欧洲前线的4.2 英寸口径化学迫击炮的操作手，他被原子弹的巨大威力震惊了，由此开始了对战争、技术、政客、军事统帅、官僚机构、人道和爱国主义等等多种因素的思索。问题首先是，在 1939 年，第二次世界大战刚刚开始的时候，美国政府怎么就会想到要发展核武器呢？律师出身的富兰克林·罗斯福怎么会知道有一种叫铀 235 的东西，它能发生链式反应，释放出巨大的能量呢？

作为一名法国史专家，格利斯庇一直在留意分析 1793年以及稍后，在法国革命的紧要关头，法国革命政府秘密

① Charles Gillispie, "Science and secret weapons development in Revolutionary France, 1792 - 1804: A documentary history," *Historical Studies in the Physical and Biological Sciences*, 23, pt. (1992), 35 - 152.

进行的三个武器项目。其中最令人吃惊的是由化学家贝尔托莱担当执行的，制造比当时任何已知炸药威力更大的"氯化物火药"，这其实是一个把基础科学研究直接付诸军事目的的应用。另外的项目还包括利用极易燃的化合物发展专为海军使用的爆炸物，以及发现在弹壳制造中替代生铁的合金材料等一系列实验。

最初的问题再次出现：当时法国当局走马灯似的更迭，吉伦特派也好，雅各宾派也好，热月党人也好，他们怎么知道氯酸钾及其化学性质？《秘密武器》一文就是要回答这个问题。

事情起于1787年贝尔托莱发现了一种强力的爆炸物氯酸钾，这个研究化学反应平衡的科学家就这样以一种最不平衡的方式投入了革命。他发觉这种化合物可以取代硝石，制造爆炸力更为猛烈的"氯火药"，打击革命的敌人。200年后，科学史家觉得骇人的是，推动把科学的基础研究和最新成果用于战争的，竟然不是军事统帅，而是科学家。他们这样做，通常是想要报效祖国，而他们的利益和祖国是一致的。格氏强调说，其实一直以来都是如此：将军们不会知道1787年的氯酸钾、1915年的毒气、1939年的铀235，而且一般来说，舞枪弄棍的将军们也无力理解这些玩意儿。

这就展现了科学家和政客、发明家和政府之间的互动。对科学家说来，他们通常并没有和军队领导人直接接触的可能，更不要说坐在一起讨论这种或那种新式武器。他们必须通过政府才能推进，就像希拉德通过爱因斯坦去游说罗斯福总统一样。在贝尔托莱的故事中，这个关系是通过一个名叫佛朗索瓦·法布里的炮兵军官实现的。法布里1749年生在一个军人家庭，他的父亲1756年在与英国争夺地中海西部的一个小岛的战事中丧生。他本人在14岁时就以烈士子女的身份投身军伍，依次升迁，到革命时，他已是皮卡第地方的炮兵中心副主管了。据现有的通信看，是他帮助海军部的蒙什知悉了贝尔托莱的工作。蒙什原本是一个土木工程师，以发明一种改善军事工事防御能力的计算方法崭露头角。他又是一个革命的狂热支持者，1792年起担任海军部长。法布里多次声称反革命力量可能会拥有更致命的武器，对于蒙什来说，这种耸人听闻的游说显然深获其心，而他所独具的科学背景很可能使他能更好和更快地接受科学家的建议。氯炸药的项目几乎立即得到了政府的批准。

列入政府计划并不是说政府每时每刻都在监督管理这个项目的进程，但确实是保证了源源不断的资金和其他可用的资源。在以后的几年里，氯炸药计划经历了政府权力的转移，主官也因蒙什离职、跟着拿破仑去了埃及而另易他人，项目参加者也有变更。但是，不管参与其事的科学家是否动摇犹豫，氯炸药的项目依旧在进行。格利斯庇指出，至此，推动项目不断进展的，已经不再是政府高官或政客，而是官僚机构。政府的办事人员，坐在他们的办公桌前，尽管完全不了解项目的具体内容，仍旧靠处理来来往往的文件，督促参与项目的专家和技术人员——这些办事人员确信，他们的工作就是确保项目不断地推进。

《秘密武器》一文所涉及的，是科学发展的一个很小的片段，对于申请过国家或者个人赞助的人，读到上面这一小段历史时，恐怕会倍感亲切。的确，这一小段历史真实地反映出科学研究常常所必须面对的环境。当科学发展到一定的阶段，科学活动就不再是某些天才的单打独斗，而是慢慢变成一种集体的、社会的活动。这时，科学研究者、项目的具体操作者、行政的组织者、身居津要的决策者以及官僚机构中的管理者之间的互动，对于科学发展就产生了可以想见的甚至是无法想见的影响。在关于科学发展的研究中，这种互动自然占有一种不可忽略的地位。

不难想象，我们在这里谈论的，在1790年代是最高程度的军事机密，参与者和知情者应当为数寥寥。更进一步，贝尔特莱、法布里、蒙什之间的种种联系，更是不足为外人道。这就构成了史料上的困难。一项严肃的历史研究，必须建立在扎实的史料基础上，而和我们现在讨论的这类问题相关的史料却极难寻得。不要说在没有资料库和网络搜索引擎的时代，即便今日，如何把这些看来互不相关、零星分散的材料从海量的信息库中摅取出来，编纂评价，也是几乎不可能完成的任务。细看格利斯庇的文章，引述的史料从武器设计图纸到政府公文，尤其是100多件私人之间的来往书信、文件草稿和实物照片，博通奥达，足以使后辈研究者顿足咋舌，徒然瞠乎其后而已。据作者自述，这些资料的搜集是他花了 40 多年，旁搜而远绍，慢慢积累起来的。为了说明这么一个似乎小而高度专业化的问题，史家所费的精神和劳力断非局外人可以想象。

如何处理专业知识和技术细节

除了和通常的历史学研究一样必须重视史料问题，科学史和我们平常印象中的"常规"历史还有一个大的不同点，一如我们前文一再提到的：科学史必须涉及相当数量的、在大多数人看来不在历史学范畴之内的、专业程度不一的自然科学知识。——既然要谈科学的历史，当然不能不谈历史上的科学。对于柯瓦雷和格力斯庇的主题，因为所涉及的自然科学知识尚为一般人的通识教育所覆盖，情形尚不太严重，而对于非常专门的课题，特别是以近现代科学为主题的研究，这一困难就变得非常突出。

自伽利略以下，实验就成了物理学不可须臾或分的一部分。无论物理教学还是专业研究都要求对历史上重要的实验有完整细致的了解和描述，特里格的《现代物理学中的关键性实验》①就是其中的一本。

---

① G. L. Trigg, *Crucial Experiments in Modern Physics*, New York: Crane, 1975. 有尚惠春等中译，《现代物理学中的关键性实验》，北京：科学出版社，1983，这是按 1971 年由 Van Nostrand Reinhold 为大学物理委员会刊出本译出的，原书单行本在 1975 年出版。另外，此书的姐妹篇，*Landmark Experiments in Twentieth Century Physics* 也在 1975 年出版，有华新民等中译，《二十世纪物理学的重要实验》，北京：科学出版社，1981。

这本书所选取的九个实验，全部集中在量子理论的早期发展上：量子概念的产生、元素转变、原子存在、原子核、电子和原子的碰撞、光电效应、原子磁矩的空间取向、光的粒子性、物质的波动性。各章通常先介绍问题的之所以提出，继以实验的设计、对实验装置的细致描画，然后是实验的实施，再是结果以及对结果的讨论，中间穿插历史的回顾。作者说他自己"并不想冒充历史学家"，但细看他的叙述，写法甚是得当。

原书第5章介绍引出核型原子模型的卢瑟福散射实验。当物理学研究推进到原子、亚原子的层次，一个突出的问题是，我们研究的对象不再为我们的感官所能直接感知，直到100年以后的今天，仍旧没有人能亲眼看见原子的构造，更不要说亚原子粒子的模样。那么，我们怎么知道原子的大部分、绝大部分质量都集中在很小的一个后来被称作"核"的部分，而其他部分则是空空如也呢？其实，物理学家们最初也很是花了一番心思，才构想出原子可能的构造。被同辈尊称为J. J. 的汤姆孙在1904年发表了一篇很长的论文，提出一种模型，把原子描述为一种直径大约1 Å的小球，正电荷和质量均匀分布，而带负电的电子则以一定方式镶嵌其中，于是整个原子呈电中性。根据电子在原子中不同的分布，汤姆孙推算出了原子某些性质的周期性，这一预测和观察结果定性地相符。但是汤姆孙原子在理论上只有一个特征频率，不能解释氢原子光谱显示的多条谱线。

与此同时，日本物理学家长冈半太郎利用原子和土星光环结构的类比提出了另一种不同的模型。他假定原子有一个很重的带正电的核，电子围绕四周。但是这种排布的原子在理论上是不稳定的，在很短的时间里电子会因辐射而丧失能量并落入核内，这就构成了一种本质的困难。

为了"看清楚"原子的结构，卢瑟福的办法是散射，即用一束粒子照射一片很薄的靶箔。入射粒子和靶箔原子的相互作用会使其发生偏转，观察偏转的情况，可以推知原子的内部构造，就好像我们往深井里抛石块，利用回声来推算其实不可见的井深一样。当时物理学家用入射粒子在硫化锌屏上造成的闪光来观察偏转，《关键性实验》细致地描述了这种仪器，甚至提到了操作人员必须注意的细节，如要有微光照射屏幕，观察者的眼睛必须事先在黑暗中适应5分钟，等等。

作者接下来给出了观察散射的装置的详细构造、具体的观测数据、仪器的改进和针对不同目的的实验。如果用 α 射线作散射，实验者发现，大约每8000个入射粒子中有1个会发生大于150度的偏转，或者用我们的日常说法，是被"弹回来了"。质量为4的入射粒子竟然被"弹回来"，只能说它们一定撞上了比它们重得多的坚不可摧的东西。留意用作靶箔的金原子质量约为200，当时主持这项实验分析的卢瑟福说："如果不假定原子的绝大部分质量是集中在很小的核中，这种现象无论如何是不可能的。"为了完全弄清楚原子的构造，卢瑟福实验小组又对锡、银、铜、铝等不同材料、不同厚度的靶箔，入射粒子的不同速度等多种状况逐一做了研究，最后确认了原子的核型结构。既然这是实验提供的可以依赖的图景，玻尔就坚定地以此为立足点，把量子概念和行星模型结合，提出了氢原子的结构和图景。

通过对复杂的、交替出现的、相互交织的实验和推理的细致描述，对大量数据、图表和实验所用的装置图甚至原始论文的大段转述，以及对当事人回忆的引用，作者再现了原子结构发现过程中的这些极其重要的细节。容易看出，除了清晰的历史感之外，这样的专门史对于作者的物理学专业训练也有很高的要求。至于读者，作者声明说，他心目中预设的，是大学低年级学生。事实上，在未经准备的情况下，要非物理专业的学生完全读懂这里涉及的全部专业内容，当亦非易事，尽管这里谈论的卢瑟福散射实验还只是现代物理学发轫之初的一道开胃菜，实验装置并不复杂，描述在本质上仍沿用了经典物理的碰撞概念和术语，理论推导上也没有涉及高深的数学工具。如果试图做更细致的讨论，我们很快会发现，行文叙述就会变得越来越像纯粹的物理学论文[1]，而对读者专业知识的要求也迅速提高；当主题转向更加抽象的物理理论时，这种对科学知识的要求就会变得越来越不易满足，这当然不是科学史作

---

[1] 例如，对这一段历史的高度专业化的分析：J. L. Heilbron, "The Scattering of α and β Particles and Rutherford's Atom," *Archive for History of Exact Sciences*, 4 (1968), pt. 4, 247-307。

者所希望看见的情形。

库恩遭遇的困难

/

20世纪初物理学从经典走进现代的标志性转折，是引进能量和物质的不连续性，或者叫作量子化。如果说哥白尼的日心学说因为其对象超出了我们感官所能直接感知的范围而引发了基于常识的质疑，那么物理学从经典到量子的过渡则更加凸显了这种转变所导致的本质上的困惑。由此而来的哲学上的讨论，特别是认识论，人和客观世界的关系，持久地引人注目。如果说哥白尼学说至少还有木卫系统这么一个可见可比的"缩微版太阳系"可以示人，对于现代物理的基础概念，能量的不连续性，则除了用精密的专业语言，尤其是数学语言，其发展脉络几乎无法说清楚。为了梳理这一概念最初形成及其后十年的历史，库恩的最后一本，也是他用力最勤的一本专著，《黑体理论和量子不连续性，1894—1912》①，花了250页的篇幅，68页的注释。但是，平心而论，一个非物理专业出身的读者大概在第9页就会被太阳和黑化铜的辐射能量曲线的比较研究吓退，而物理专业的学生，如果不是理论物理方向的，最

---

① Thomas Kuhn, *Black-Body Theory and the Quantum Discontinuity，1894 - 1912*，New York：Clarendon，1978. 此书作者对库恩的书有简单介绍，见《科学革命的历史分析：库恩与他的理论》，上海：复旦大学出版社，2013，第6章第4节。

多恐怕也只能走到第 2 章的开头，然后在玻尔兹曼不可逆性的 H 定理前倒下。

　　除了量子不连续性的概念之外，库恩还和他的研究生黑尔布隆对玻尔原子模型的建立做了专门研究[1]，长达 80 页，覆盖从 1911 年 5 月到 1913 年 12 月的两年半时间，在关键时段甚至是逐日追寻。玻尔把能量的不连续性运用到物质理论中，解释了一系列当时令人困惑的现象，给出了物理学中重要常数的理论解释，而黑尔布隆的文章就是要重建玻尔把原子壳层量子化的路径。作者相信，1911 年夏天，玻尔完成他的博士论文时，已经认识到，为了解决金属的电子理论中的若干问题，普朗克的量子理论是"必须的"，但是没有迹象表明他当时已经致力于把卢瑟福原子模型量子化。问题是，是什么使得他的注意力在 1912 年 6 月突然转向原子模型？为什么他选择了当时名气不如 J. J. 模型的有核图景，他是怎样走上后来在物理学中造成革命的特殊道路的呢？

　　为了"重建"或"还原"当时的情景，作者使用了当时刚刚完成的"量子物理学史料"口述史和玻尔家庭的私人资料，包括玻尔当年和家人，特别是和兄弟海拉德的通信，并得到玻尔夫人和儿子的帮助。这些他人无法稍稍望其项背的优越条件使得完成这样一个极为细密的专门研究成为可能。

---

[1] J. L. Heilbron and T. Kuhn, "The Genesis of the Bohr Atom," *Historical Studies in the Physical Sciences*, 1 (1969), 211-290.

文章分六段。第 1 段准备，介绍玻尔 1911 年关于金属的电子理论的工作。第 2 段处理 1911 年 9 月到 1912 年 6 月这半年，玻尔作为博士后研究员对曼彻斯特的卢瑟福小组和剑桥的汤姆孙实验室的访问。作者相信，这时玻尔的注意力仍在电子理论上，研究阴极射线，但是，作者也注意到 1911 年 12 月 1 日玻尔在给朋友的信中提到他"对量子理论非常热衷"。稍后，玻尔决定去卢瑟福小组继续他的博士后研究，但直到 1912 年 5 月，他的注意力仍在金属的电子理论上。

第 3 段是文章的重头戏，研究 1912 年 6 月和 7 月玻尔的工作。6 月 12 日的信表明，在阅读了乔治·达尔文的一篇关于 α 粒子吸收的论文以后，玻尔透露说他由此得出了一个"小理论"，"可能对阐明原子结构有些帮助"。他还提到卢瑟福的工作，认为这是"比以前任何东西都坚实得多的基础"。6 月 19 日的信表明玻尔对电子理论的热情已经完全转向原子结构，接下来一大段，作者追寻了这一个星期，6 月 12 日到 19 日，玻尔"至关重要的发展"。第 4 段紧接上文，写 1912 年 8 月到 1913 年 2 月，这时玻尔在哥本哈根，完成了《论原子的结构》第 1 部分的撰写，内容对玻尔说来完全是新的：原子光谱，特别是氢原子的谱线。3 月 6 日，论文付邮。第 5 段着重讨论了玻尔原子和量子论的关系，时间是 1913 年的 2 月到年底。在这里，和前几段不太一样的是，物理学的讨论很大程度上取代了历史的叙述，为了介绍玻尔模型，这当然也是必要的，最后以玻尔本人对量子假设的运用的一段说辞总结了全文。

在物理学发展史上，玻尔模型是所谓的旧量子论的代表，对于先前的经典物理和后来的量子物理有着承先启后的地位，常为史家首选。故事内容曲折，玻尔的工作，被爱因斯坦称为"奇迹"的"思想领域里最高的音乐神韵"，当然令人神往。从物理上说，玻尔模型本质上是经典物理和量子物理的混合，光谱学之类的技术细节也还算直观，数学工具也不艰深；从历史学角度看，史料丰富并且没有解读和考证的困难。所有这些，为本专题研究提供了一种良好的先天条件。黑尔布隆的文章充分利用和发挥了这些条件，宜乎成为这一专题的经典研究之一。[①]

从根本上说，这种专门史或专题研究，是构成科学史整体画面的基本砖块。没有扎实的专门史，撰写叙述性的历史就无从谈起。但是专门史研究的困难也是显而易见的：一般说来，古代专题常受困于史料的稀缺，近现代专题所涉及的技术细节则常令非专业读者却步。这就要求研究者恰当地选题，慎重地撷取剪裁，清楚地介绍专业内容，在看起来很小的题目上下厚重的功夫，而正是这些功夫，展现了研究者的专业水准、眼光和品味。

---

① 和 J. Heilbron 的研究几乎同时而且方向相近的，还有 Hans Graetzer and David Anderson, *The Discovery of Nuclear Fission：A Documentary History*, New York：Van Nostrand Reinhold, 1971，但涉及较多的技术细节，内容较为艰深。

8 通俗史：
   举重若轻

■ 达娃·索贝尔：《经度》，2005

■ 斯通：《达尔文传》，1980

■ 布朗：《起源》，2006

从受众看通俗史

/

科学史作为一种"独立的专门学科"，自有其独立的特点。其中一个和其他精密实证科学很明显不同的，是其受众的组成。一位物理学家写的物理学论文，其读者几乎无例外地是物理学家，无论是他在构思撰写时预设的读者，还是论文发表以后实际的读者，大概都是如此，这是任何人都不会觉得奇怪的事。但是，当我们谈论科学史时，情形就很不一样：确实有科学史专家写的、预备给其他专家看的文字，如上一章所讨论的；但更多的，是写给非科学史专业的学者，甚至更多地，是写给刚刚完成普通教育的各行各业的普通人看的东西。这和作曲家的工作有些类似：他们也写一些只有专家才看或者才看得懂的东西，但他们的大部分作品，却是为一个更广大的受众预备的。在欣赏音乐的时候，一般的听众并不常常，甚至从不，去追究曲式曲调、配器和声这些在专业人士看来非常重要的事情；他们只是听，享受音乐带给他们的意境和所激发的情感。科学史的受众，也有类似的情形。他们回顾科学的发展，当然不是为了学习旧时的科学，通常也不是为了查证考据科学某一段发展的细节，他们所期待的，是一种哲理的提示，一种智力的启发，说到底，是一种文化的享受。这种为非专业读者预备的科学史较之科学史的专门研究更为常见，其社会意义也更为深广。本章对此做一稍微细致的讨论。

通俗的科学史，很早就吸引了众多才华横溢、文理兼通的作者，也一直是最广大的读者所喜爱的一个门类。1920 年代美国作家德克瑞福以 12 位著名医者的学术生涯为题，写成《细菌杀手》①一书，一时风行，单单 1940 年代初的袖珍本，印数就达到了令人咋舌的百万册之巨，直到世纪末，1996 年，仍有新版印行。因为原书出版较早，加叙 1920 年以后医学成就的续篇②也应运而生，成为出版界少见的盛况。我们提到过的青年作者斯蒂芬·约翰森，在布朗大学和哥伦比亚大学主修英国文学，毕业以后致力于科学史，成绩斐然。在他已经完成的十部著作中，除了此书第 6 章提到过的普利斯特列的通俗传记，还有关于 1854年伦敦瘟疫的历史，以及近现代的发明史。晚近的作者如英国作家格瑞宾，剑桥大学的天体物理学博士，仅在 21 世

---

① Paul de Kruif, *Microbe Hunters*, New York: Harcourt, Brace, 1926.
② 例如，Robert Krasner, *20th Century Microbe Hunters*, Sudbury, M. A.: Jones and Bartlett, 2008; Hilary Koprowski *et al.*, *Microbe Hunters*, *Then and Now*, Bloomington: Medi-Ed, 1996。

纪初的十年里，就撰著出版了九部通俗科学史，包括广受好评的《院士》和《科学家》①。用亚马逊书籍网搜索，归在他名下的相关出版物竟然近140种。《院士》一书以英国皇家学会的历史为线索，分三篇。第1篇写17世纪英国的科学人，他们的心理，他们的哲学，吉尔伯特，还有培根。第2篇是学会的发起，特别提到了雷恩、胡克，还有皇家学会的最初召集人威尔金斯。第3篇前半段主要写牛顿，后半段写哈雷，以及当时围绕牛顿和牛顿论题的科学家们。从单纯的科学史看，的确，未必称得上独创；而且，有个别地方的叙述也未必准确公允，如说指南针很可能是西洋独立发展的，因为西方所谈论的磁针的指向是北，而不似中国人说的指南。但是，如果撇开这些瑕疵不说，平心来看通俗史的撰著和发行，很容易注意到，这是一个把科学观念以及科学家的探索精神社会化的、大有可为的方向。

把科学概念社会化

1995年达娃·索贝尔著《经度》② 出版，十年后再版，

① John Gribbin, *The Fellowship*: *The Story of a Revolution*, London: Penguin, 2005. 后来美国版更名为 *The Fellowship*, *Gilbert*, *Bacon*, *Harvey*, *Wren*, *Newton*, *and the Story of a Scientific Revolution*, Woodstock: The Overlook, 2007. 另一本是 *The Scientists*, New York: Random House, 2002。

② Dava Sobel, *Longitude*: *The True Story of a Lone Genius Who Solved the Greatest Scientific Problem of His Time*, New York: Walker, 1995; 2nd ed, 2005. 肖明波中译，《经度：一个孤独的天才解决他所处时代最大难题的真实故事》，上海：上海人民出版社，2007。

正文前加冠了阿波罗 11 登月的指令长、第一个登上月球的宇航员阿姆斯特朗的序言。又十年，中译本面世。

虽然此书在封面上宣称这是一个关于"孤独的天才"的故事，但实际涵盖的，却是对一个时代大问题的追问，这个"天才"也一直在和各种各样的人打交道，并不孤独。作者选定的主题——经度测定问题，牵涉面很广，包括政府行政的，历史的，科学的，技术的，人事的。这就创造了一个相当大的写作空间，把历史背景、遗闻轶事、个人恩怨、科学和技术的细节，悉数收入笔下，于是故事跌宕曲折，引人入胜。对作者而言，以此为主题的相关史学研究已经进行多年，为创作准备了丰富的史料和素材基础[①]；而对于读者来说，要理解被作者称为"当时最大的科学问题"的经度测定，也还不一定要具备高深的科学知识或专门的训练——对技术细节稍加思索，不难跟上作者的节奏，使得阅读真正成为一种颇为愉快的享受。这一选题，深谙通俗史创作之三昧，已是为作者先胜一筹。

此书的第 1 章大略是作者为读者所做的科学知识和技术方面的准备，清晰直白，通俗易懂，其核心问题，是经度和时间的关系——"每 15°相当于 1 小时"，这就把地球

---

① 如果以 Clocks and Watches 检索，通常可以看到一两百本，参见 Granville H. Baillie，*Clocks and Watches：An Historical Bibliography*，London：N. A. G.，1951；专著例如，Rupert T. Gould，*The Marine Chronometer：Its History and Development*，London：J. D. Potter，1923，这本书有 1960 年重印本，几 300 页，其中谈论哈里森父子的，近 30 页，扉页有约翰·哈里森 1768 年的画像。比较 Sobel 和 Gould 的书，可以很清楚地领悟到通俗史和专门史的不同。本书第 10 章提到的辛格的《技术史》第 3 卷也有专文讨论计时技术。

表面东西向的距离和两地的时间差这两个看起来不那么直接联系在一起的概念联系起来了，开宗明义地说明了此书所要讲述的主要线索。然后浓墨重彩地铺叙了一连串有关海难、触礁、坏血病的史实，加上对于成本最低的海路的选择、逃避海盗或敌国攻击的需要等等的考虑。这就给出了经度测定的实际意义，即为了海外贸易和殖民扩张，为了金钱和征服，而在我们谈论的时代，这直是关乎家国性命的大事。

第 3 章讲 18 世纪以前科学家的种种努力。"月距法"，还有伽利略发明并对其抱有极大希望的利用木星卫星的测量法，以及英国皇家天文台"首席御用观测员"的建议。第 4 章沿着这一方向继续介绍荷兰大数学家惠更斯的摆钟。第 5 章则是隐秘科学的代表，当时的大红人迪格比把他的"怜悯药粉"用作定时的妙药，还有利用炮声在大洋里排布舰船等种种离奇的和不离奇的努力。英国国会甚至成立了专门的委员会，72 岁的牛顿和他的挚友哈雷都应召参与其事，国家设立重奖，通过了"经度法案"。所有这些，旨在向读者说明，测定经度，在当时是一个多么引人注目、多么困难的问题，而其解决之道，最终都指向"准确地保有母港的时间"。利用母港时间和航行中船只的"本地时间"之差，以"一小时相当于 15°"的换算率，推算出舰船在东西方向上的位置。要做到这一点，最可以想象、最可能付诸实施的办法，是搬一台运行可靠的机械钟上船，在母港校准时间，出海以后时时查看，以此和船上即时测定的"本地时间"两相对照，完成上述计算。问题是要找到这么一台"运行可靠的机械钟"。在 300 年前，这不容易。

经过这样的准备，第 7 章，主角约翰·哈里森出场了。在介绍了他早年制作精密时钟的努力之后，我们看到，在奖金的召唤之下，哈里森来到了伦敦，和哈雷，特别是当时被称作"英国钟表制作之父"的格雷厄姆见面。第 8 章介绍哈里森完成的第一台可以在海上使用的机械钟，这台大钟不负众望，"成了万众瞩目的焦点"。

第 9 章起，哈里森必须面对他的竞争对手，先是基于月距法制作的象限仪，稍后又有改进月距法的"月球表格"，但是哈里森不为所动，继续制作运行更准确、重量更轻的航海钟。他的儿子也加入了，一晃 19 年。第 11 章为读者介绍和哈里森唱反调的人，月距法的支持者马斯基林。这两个人的竞争，在作者的笔下，活像是一场中世纪的决斗。第 12 章描写了哈里森最后最中意的航海钟如何在这个"死对头"、当时是皇家天文官的马斯基林手上，经历了 10 个月的测试。的确，哈里森，以及别的很多人的努力，大大改善了船舰的适航性。在他以后的一个世纪里，英国的商船和战舰，和他们的海盗同胞一起，在财富和征服的鼓舞下，横行四海。不论怎么说，在哈里森生命的最后年月，他的创作好像是终于悲壮地胜出，完成了它的使命，连同它的制作者，正如作者在第 14 章开头时说的，从此"在钟表制造业中享有烈士般崇高的地位"。

《经度》是索贝尔的成名作。的确，把相关的科学原理解释得晓畅明白，把这个情节不甚复杂或戏剧性的故事写得摇曳生姿，作者"讲故事"的才能是毋庸置疑的。这本书出版后即大受欢迎，不仅得到英国国家图书奖，稍后又被摄制成电视剧播出。细看上文提及的几位通俗史作家，德克瑞福、约翰森、格瑞宾以及索贝尔，尽管所涉及的主题和相关的科学内容有时可能艰深，但他们的文字无不清新可读。透过轻盈的笔触传达厚重的历史，把科学、科学的概念及其历史的发展，特别是科学精神传达到非专业人群中去，使之社会化，成为他们文化的一个部分，就成了科学史作者，尤其是通俗史作者的一种使命。

"历史小说"

/

约翰·哈里森的贡献是革命性的，但是他怎么也不会想到，不到 100 年，他的，还有其他许多人的努力，还造就了另一场革命，在观念上更加深刻，在范围上更加广大。1831 年圣诞节，查理·达尔文登上开往南美洲的贝格尔号时，他最先注意到的物事之一，就是 22 台航海钟，为了防震，全都被"小心翼翼地"存放在塞满木屑的盒子里。而且，据说他上舰以后第一份"某种正规的工作"就是"每天上午 9 点"给这些钟上弦。

这是达尔文的传记作者欧文·斯通告诉我们的。《达尔文传》① 是他撰写的 13 部传记中的第 12 部，也是唯一一部以科学家为传主、描写科学观念建立的文字。

和斯通得享大名的米开朗琪罗传或是凡·高传不同，《达尔文传》要传达的，是高深的科学概念和科学家的探索过程。要把这一场人类思想史上的大革命介绍给非科学专业的一般读者，把高深的科学概念清晰晓畅地表达出来，要把科学家探索的艰辛描绘得如在目前，这正是通俗科学史撰写的困难之处，也是其最值得品味之处。斯通无疑在这方面取得了很大的成功。1858 年夏天对达尔文来说真正是一个多事之秋。先是，春夏之交，达尔文的健康已发生明显的问题；6 月 18 日，达尔文收到了华莱士关于"生物变种无限偏离原型"的论文，他进行了 20 多年的工作面临被取代的危险；十天以后，6 月 28 日，他最小的儿子死于猩红热，7 年前他最钟爱的女儿死于同一疾病的场景蓦然重现。在这前后两三个星期里，达尔文经历了比他在贝格尔号上经历过的最猛烈的风暴还要猛烈百十倍的风暴。对事业的责任心，对科学观念的执着，对从小笃信不疑的宗教教义的质疑，亲人去世带来的巨大感情创伤，维多利亚时代绅士的处世原则，让达尔文感到"天旋地转"。而在这重重危机之中，达尔文周围的十数人，朋友和家人，轮番出

---

① Irving Stone，*The Origin*：*A Biographical Novel of Charles Darwin*，New York：Doubleday，1980. 此书有叶笃庄等中译，《达尔文传》，北京：北京十月文艺出版社，1999。

现，各有立场，都有表现，读者真直是如置身其中。要把这样错综的场景活灵活现而又有条不紊地展现在读者面前，除了娴熟的写作技巧之外，对于史料的掌握，对于所涉及各人的脾胃个性、19世纪中科学界的行事风格以及达尔文和华莱士工作的准确了解，无一可缺。

斯通的《达尔文传》延续了他一贯的写作风格，他称之为"历史小说"。的确，虽然标明是"历史"，但绝对可以轻松地阅读：读者不见得必须有生物学、进化论方面的专门训练，不必具备古生物学、地质学的专门知识，仍可以从这种阅读中撷取品味科学精神。尽管被称作"小说"，作者并没有放松科学内容的严谨。虽然未必是"无一字无出处"，但是整个故事表明作者在科学专业上不是外行，且对于当时的社会习俗，以及达尔文所在的上流士绅圈的交游酬酢，分寸也都拿捏得当。据说斯通每撰写一部大传之前，必做数年乃至十年的研究，我们当然相信，要举重若轻，让厚重的历史在舒展自如的故事里轻快地流淌出来，没有这样拙重的功夫，是不可能的。

通俗而不流俗，深刻而不艰深，简明而非简化

25年后，2006年，哈佛学者布朗的一本小册子①，再

---

① Janet Browne, *Darwin's Origin of Species*：*A Biography*，New York：Grove/Atlantic, 2006.

度吸引了读书界的注意。说它是"小册子",是因为全书正文还不到160页。但是这本"小册子"所涵盖的主题,和百年来众多类似主题的著作相比,却是一点也不逊色。布朗要讲的,是密切地联系在一起的两件事:《起源》及其起源,或者说,是进化的概念以及进化概念是如何被构造出来的——这几乎是所有讲达尔文的共同的主题,而这本小册子之所以特别引人注目,是因为它的"通俗"。

文章由一段对于背景材料的简单介绍开始,作者称之为"绪论",然后转入了对达尔文生平的简单介绍。为了完成对达尔文的完整叙述,这种介绍当然是必不可少的。但是,这又确实是一个被讲述过几百遍的故事。布朗显然深谙个中奥妙,从而绕过了很可能令读者觉得了无新意的重复叙述,直接进入了这一论题的核心。达尔文的祖父是著名的进化论者,他的舅舅,也是他后来的岳家,都是开明的"自由思想者"。作者没有刻意追寻这个常为人津津乐道的"家族因素",而是对其家庭的唯一神教的宗教背景和生活趣味做了广泛的考察。她分别讨论了爱丁堡大学和剑桥大学,并不过度渲染达尔文对于医学院的反感,而是充分注意到达尔文在这两所大学所受到的完全不一样的影响。还有他选修的课程,所注重的科目,他所阅读和喜爱的书籍,他的师友亨斯罗、莱尔,老达尔文和拉马克关于进化的论述……所有这些铺垫使得读者相信,进化观念对于达尔文说来,不是一个突兀的外在。当然,最后的高潮出现在他的贝格尔环球旅行中。布朗的叙述选用了一个更广阔的视野,把一个被人讲述过几百遍的故事讲得新意盎然。

维多利亚时代的博物学，对于自然的热情，英国强大的工业、制造业基础，即将独霸全球的英国海军，以及与之相联的帝国主义政策，构成了达尔文环球航行的宏大背景，而环球航行又为进化论提供了基本的事实材料。达尔文后来归纳说，巴塔哥尼亚的化石堆积、南美洲三趾鸵鸟的地理分布，以及加拉帕戈斯各小岛上鸟类的群体差异，是他对于自然界"谜中之谜"思考的开始。

撰写达尔文传的一大困难在于如何安排处理人所皆知的巨量材料，其中绝大部分是研究者认为不可稍做简略的原始资料。如何撷取其最有意义的精华，处处考验着作者准确把握和深入理解原始材料的能力。布朗的做法是，把对收集资料的描述和达尔文的"心理发展"并案研究。她强调，更加值得留意的是，自布丰、拉马克以降，收集"自然史素材"的人以百千计，但只有寥寥数人像达尔文那样提出问题。

这种"心理发展"异常复杂。19 世纪三四十年代的英国弥漫着后来被称作辉格派的哲学气氛，1834 年的《济贫法》明白地表现了整个社会思潮对竞争失败者的冷酷，强化了"强者生存"的理念。"如何活下来"给分析加拉帕戈斯小鸟的生存形态投下了第一束理性的亮光。

进化论面对的一个关键问题是物种进化的驱动力，一如一个外行人常常会问的："生物为什么要进化？"为了对抗目的论不可验证的解释，达尔文需要"一种工作赖以进行的理论"来构造进化的机制。在编号 D 的笔记本里，1838 年 9 月 28 日，达尔文记下了他对马尔萨斯《人口论》的阅读心得，"过度繁殖导致的生存竞争"——在这种竞争中被牺牲掉的，永远是弱者，那些由于性状微小差异而取得竞争优势的，最能改变、适应环境的个体，就存活下来。

20 年过去了，达尔文反复地比较核对他的论据，考察他的假说，仍在继续他的工作。进化论之所以要等待这么长的时间才进入学界，自有其理论结构和认识论基础的深刻原因。首先，进化论依于空间地域的分布而勾画出的时间序列，并不直观，远非人类感官和直接经验可以把握，而必须诉诸理性的抽象；其次，从认识论看，很容易发现，进化论的论证结构和以往的大部分科学理论，例如牛顿的力学或当时已经大行其道的电学、化学研究又很不一样。进化论建立在对大量事实证据的归纳之上，是从有限的事例外推到一般，这和当时已为学界接受的"观察—假说—验证"的论述结构不同。达尔文的好友，我们上文曾提到过的惠尔，曾讨论过这种归纳论证，其真实性在于尽可能多地收集例证，但永远也不可能通过牛顿式的判决实验一锤定音。达尔文遍交在世界各地工作的博物学家，正是出于这种考虑。他确实努力强调人工选择和优良品种的培育，希望能以此比肩精密科学中更常见的"验证"，但是人工选择之于自然选择而言，显然只是一种类比，当然不能等同于"验证"。

和基督教教义的冲突，是达尔文 20 年迟迟不决的另一个可以想象的原因。地质学的、生物学的、胚胎学的、古生物学的、比较解剖学的，19世纪四五十年代所有已知的关于自然界的知识，都指向"进化"这一个方向，这很像惠尔提出的"汇聚"的概念。取用进化概念，整个自然图景立即显得清晰有序，自然历史随即变得顺理成章。达尔文很早就倾向于排除上帝在创造中的作用，他环球航行的经验、他掌握的无数事实证据、他的理性分析，都表明在自然进程中，上帝是一个不必需到场的第三者。但是，在维多利亚时代，作为西洋文化基石的基督教教义又如此坚强。不仅是论敌，甚至是达尔文青梅竹马的表姐埃玛，他的崇拜者，也表达了明确的疑惑："那种凡是没有证明就不能相信的习惯是否影响太大，因此对于一些不可能用同样方法证明的，或是那些正确但我们不能理解的事情，就全然不能接受？"其实这也是维多利亚时代的广大受众关于进化论的共同的问题。这一冲突如此深刻，达尔文本人也常常陷入不可自拔的苦痛之中；甚至很多历史学家认为，颇为后世留意的"达尔文病"很可能根本就是他对进化论和社会的冲突的担忧造成的心理疾病。一边是无数他所坚信的事实材料和严密清晰的推理，一边是百千年来西洋文化的积淀和人人信奉的教义，达尔文进化论面临的，是这样无法回避的冲突。进化论和基督教教义之不可调和，显然更甚于当年哥白尼的困局。理性还是信仰？自然界还是上帝？孰优孰劣？何去何从？

接下来一章介绍《物种起源》的出版。和坊间通常的叙述不同，布朗指出 1850 年代末，英国知识界业已形成或正在形成进化概念；在细节上模糊，在整体上却也相当明白地指向"发展"概念，如《西敏寺评论》之类。达尔文并不是一个孤独的天才，他也没有脱离他的所在，以及他成长的知识背景。与此同时，作者简单但是准确地介绍了《物种起源》一书，以及达尔文进化论的内容。

不可否认的是，和知识界对这一论题较为沉着和理性的讨论相对，进化论在社会各阶层引发了剧烈争论和巨大震动。这是第 4 章"争论"整整一章的主题。对这一段本身已经很戏剧化、通常被处理得更加戏剧化的历史，布朗没有夸大所谓的科学与宗教的矛盾，而是力图揭示这一矛盾更深刻的背景。她的叙述表现出令人赞赏的沉稳，不虚美，不苛求，言和而色夷，显示了专业历史学家的职业水准。最后一章在更大的尺度上讨论"达尔文革命"的历史贡献，从作者的文化史取向反观全书，的确可以得到对《物种起源》及其起源超越先前的深入的了解和跃动的启示。

布朗的描述确实是面面俱到而又主次分明，这就给非专业读者一种简明但绝非简化的图景。出版十年，此书已被译成德语、葡萄牙语、西班牙语、捷克语、日语、芬兰语、韩语、土耳其语等近十种文字，深受读者欢迎。要写出这样的通俗史，要在不到 160 页的篇幅里把诸如达尔文革命这样大事件的来龙去脉条分缕析，讲得清清楚楚，要把深藏在历史背后的哲学阐发出来，所依赖的，是作者的功力。此书基础的研究，是布朗先前出版的两卷本《达尔文传》①，皇皇几 1300 页。从出版时间看，这是耗时十五六年的工作；从出版以后的反应看，英国非小说类的詹姆斯·布莱克奖、皇家文学会的海因曼奖以及美国科学史学会的年度最佳著作奖相继肯定了这部著作对于"科学观念的创造、传播和接受"的研究。如果再往前追寻，可以毫不夸张地说，这是布朗毕生的研究成果。

珍妮特·布朗最初在爱尔兰三一学院学习动物学，稍后在伦敦皇家学院拿到科学史学位。在以后将近 40 年的学术生涯中，她致力于达尔文研究，从 1978 年发表的达尔文-虎克通信研究起，出版重要的达尔文研究 14 部。她研究工作的细致、扎实和深入，由她最近出版的《达尔文语录》② 可见一斑。在这本 350 页的小书里，布朗从 60 多部达尔文的著作和通信集里摘录了 600 多条文字，分门别类，按诸如"贝格尔号的航行""物种起源""朋友和家庭"等主题编作六篇，用她自己的话说，这些摘录"用他（达尔文）自己的话"描述了"他所提出的最重要的想法，他所遭遇的困难和批评，他的个性和家庭生活"。建立在这样基础上的研究，在芮斯相当专业化的《达尔文革命》③ 之外另辟蹊径，卓然脱颖而出；科学研究过程的艰辛，深奥的概

① Janet Browne, *Charles Darwin*, Princeton：Princeton University Press, vol. 1, *Voyage*, 1996；vol. 2, *The Power of Place*, 2003.

② *Idem*, *The Quotable Darwin*, Princeton：Princeton University Press, 2018.

③ Michael Ruse, *The Darwinian Revolution*, Chicago：The University of Chicago Press, 1979. 有 1999 年修订本。

念，科学发展中这样重大的事件，在轻快可读的叙述中清晰地展现。没有几十年的钻研，没有对大量史料的品评撷取，没有对理论本身精深的理解，要做到神通语达、举重若轻，谈何容易！

然而真正受益的，是广大的非专业读者。据说维多利亚女王就对《物种起源》很感兴趣，但是担心自己理解不了其中高深的内容而未敢深究。的确，要把科学概念社会化，使其内容为普通读者理解，把科学精神变成大众的精神食粮，绝非易事。细看科学概念的传播和社会化，通俗史显然是重要的渠道和有力的推手。科学史之于"行不言之教"、传播光大科学精神、提高社会文化水准的重要性，自无须赘言了。

9 前规范时代:
科学出现之前的科学

■ 桑代克:《幻术和实验科学史》, 1923—1958

■ 饶西:《弗朗西斯·培根: 从幻术到科学》, 1956

■ 德布斯:《猎取绿狮: 牛顿炼金术的基础》, 1975

　　笛卡尔在构造他的宇宙图景时设想了三种"粒子"，其中"火粒子"最为神奇：它没有通常的物理性质，没有特定的形状，没有颜色，没有冷热干湿，只存在于我们的"自由想象之中"。利用这一概念，笛卡尔解释了行星运动。至于这种"火粒子"是不是"真的存在"，他认为并不重要；只要前提清晰，推理严密，能够解释现象，作为自然的探索者，他觉得他也就尽到责任了。

　　在紧接着机械论哲学之后发生的科学革命，没有采信笛卡尔的这一套说辞和图景。现代科学所依赖的方法，即观察、假说、推理、验证的方法，与自然界的实在密切相关，其中理论和自然界对象的联系，就是观察和实验，而科学也常常因此被称为实证科学或实验科学。借用库恩的术语，这是和笛卡尔的哲学有着完全不同规范的另一个方向。科学如何从形而上的思辨中走出来，如何和笛卡尔式的机械论哲学分手，现代以实证为基础的对自然的探究模式和基本概念如何形成，就成了说明科学如何从规范确立之前的懵懂状态中走出来的一个有趣的论题。

科学出现之前的科学

为此，哥伦比亚大学的林恩·桑代克系统地考察了他称为"幻术"的社会活动向实验科学过渡的最初情形，撰成《幻术和实验科学史》① 八卷。据说按原来计划，他只打算讨论12和13世纪，但他很快发现，要弄清楚这一阶段，必须深入考察其起源，于是上探希腊罗马，下抵16世纪，共得六卷。书成以后再加上论17世纪的第7和第8卷，完成全书八卷，洋洋大观。因为写作跨越了几40年，计划不断改动，八卷的布局和叙事，也不尽一致。

第1卷和第2卷，很可能就是开始写作时所计划的，有副标题"最初的13个世纪"，分五篇，72章，另加索引、附录。全文之前冠以"导论"，简要地阐述了作者对"幻术""实验科学"和"历史"的看法。

幻术，作者声称，不仅是一种可操作的技艺，而且，对大众而言，是一种观念和教义，代表了一种对世界的看法。这一定义常被现代的、以为幻术就是装神弄鬼、巫觋杂耍的偏见所淹没。事实上，文明开化以后，幻术就常和

① Lynn Thorndike, *A History of Magic and Experimental Science*, New York: Columbia University Press, vols. 1 and 2, 1923; vols. 3 and 4, 1934; vols. 5 and 6, 1941; vol. 7 and 8, 1958. 如下文所说，桑代克常在一个更广的意义上使用 magic 一词，故不循常例，译作"幻术"。

想象的、有目标目的的、理性的思维联系在一起；对于当时的人说来，其实很难把幻术、宗教或科学完全清晰地区分开来。幻术，涵盖范围广阔，包括了医学、炼金术、星象学等方面的社会实践，几乎自可考的远古起，就一直伴随着人类对自然的认识成长。在我们视为科学的发轫之初，柏拉图、亚里士多德辈，对幻术均有论述。

盖伦

第 1 篇论希腊罗马时代的"三杰"，即普林尼、托勒密、盖伦，各占一章，共享全篇的一半篇幅。另一半介绍"希腊炼金术士"，以及诸如像波普利之类通常较少被提到的星象学家。

桑代克大量使用了原始著作和稀有文献，这就使得那些哪怕本来常见的论题到他手里都变得不同凡响。盖伦一章，长达 65 页，由盖伦的身世和时代背景起，转入他对医学和实验科学的贡献，最后讨论他对幻术的态度，足以独立成篇。

文章先是细致地考察了盖伦的家世、教育背景和与罗马皇帝的关系。尽管年代久远，得力于作者努力的发掘，罗马当时的日常生活，饮酒赛车，如在目前。盖伦认为，适量的饮酒帮助消化，令人忘忧，和药物同样有益于人的身心；而盖伦对奴隶制的不满，也有生动的记叙。这就使得对盖伦的介绍变得血肉丰满,不仅表现了作者的史料功力,也让我们领会到科学史著作家应有的品味和视野。盖伦的四种体质和四种元素的理论,当然,也有完整的介绍。特别是他亲自实践的两个医案,记录了盖伦用奶酪和煮熟的咸肉热敷关节治疗痛风,以及对一妇人长达五天的治疗。一段特别有意思的,是作者把盖伦和福尔摩斯所做的比较,特别突出了盖伦敏锐的观察和严整的推理,记录了当时人对盖伦所做的诸多预言和论断的敬佩和惊讶,传达了幻术中固有的观察和推理的成分,以及盖伦的方法与我们以后所称的"科学方法"最秘而不宣的联系。

盖伦以解剖实践为基础批评了亚里士多德关于心、脑神经功能的论述:"无数次的解剖向我表明亚里士多德所谓的连接心脏的管线不是神经,也没有连接到神经。""所有的神经从脑发出。"随后桑代克探讨了盖伦这些论述的基础,考定他有可能真的解剖过人体,至少肯定解剖过高等灵长类动物,做过外科手术。作者认为,盖伦对于精确观察和实验的热情来自他对于"真理的热情"。一如他的口号"逻辑和经验"所强调的,盖伦对这两方面同时给予了相当的注意。

由盖伦的研究领域看,不难理解他对经验的极度强调;他认为,了解自然物的途径,只能是感官提供的经验。他问道,我们难道是从三段论的推理中知道火是热的吗?正是依据经验,他认识了疾病的性状,药物的作用和剂量。他坦承,用药多少,全在于他一心运用之妙。他重视"长期实践"，这对后来中世纪的医学有重要影响。

盖伦明白地说他反对巫术，例如用鳄鱼血治眼病，用耗子血除痈疽。他说他之所以不用这些带有巫术嫌疑的东西，是因为他有更可靠的药物，如某些矿物或者宝石就很好用。但在实践中，他其实也用同样难以想象的东西入药，例如鸽子屎、牛胆，或者把狐狸和鬣狗放在一起熬，所得的油据说可以用来治消化不良。但是他对于用疯狗的肝治狗咬的伤口，提出了相当的怀疑。

如果和我们耳熟能详的中国传统医学所用的牛黄狗宝对看，盖伦的药方也不见得那么惊世骇俗。揣度作者的意思，盖欲以神奇医学说明，幻术在实际操作层面上，而且甚至在观念上，和经验、实验科学并非那么如两军对垒，你死我活地势不两立。在人类对自然的认识过程中，这些因素常常交融混杂，而且，在很大程度上，实验科学正是从这种混沌的，但并非完全盲目的实践中渐次产生出来的。

第 1 卷的后半部，讨论基督教早期和中世纪早期，提到了诺斯替教派，以及直到奥古斯丁为止的基督教，德尔图良等人对幻术特别是占星术的看法。第 2 卷包含第 4、5 内篇，是为 12 和 13 世纪。这是作者的强项。以 13 世纪为例，用力最多的，有格罗塞特、大阿尔伯特，还有罗吉尔·培根。作者通常是先交代时代背景和生平，然后从科学和幻术两个方面做进一步的阐发。对格罗塞特而言，从数学到占星，从彗星到炼金术，全文紧密依靠格氏原著；对大阿尔伯特，则是对幻术，特别是占星术的看法占了主要的篇幅；对罗吉尔·培根，则平行地讨论了他对实验科学的贡献和对幻术与占星的看法。

奥瑞姆

/

十年后，覆盖 14 和 15 世纪的第 3、4 卷出版，在作者的计划中，这是一个整体，分成两卷好像纯粹是为了发行和技术上的方便。和前两卷比，行文格式有了很大的变化：全书不再分篇，而是前后相随的 67 章，加上 62 个附录，论题仍旧集中在炼金术、占星以及比重稍轻的医学上。虽然涉及面很广，对于重要的人物，还是给予了充分的介绍。在这一个时代，幻术表现为社会活动的一个重要方面，唯其重要，也受到了更近切的关注和更严厉的批评。第 3 卷第 25、26、27 三章的主题都是巴黎大学的奥瑞姆，此公批评巫觋邪说不遗余力，表现出幻术和实验科学如何渐渐分道扬镳，这就把对幻术的讨论推进到了一个更加深入的层面。

依据对奥瑞姆原著的考证和解读，桑代克对奥氏关于占星术的看法做了细致的分析。奥瑞姆一方面又要求当权者不要沉湎于星占，一方面又要求他们学习这门技艺。他后来的著作，特别是 1370 年的论述，一开始列举了 15 个赞成星占的论据，但马上用 55 个给予反驳，再后是 18 个赞成对 10 个反驳。奥氏强调说，星占之所以不可依赖，在于我们无法断定星体的运动是否可以准确测量。如果不能，那么所有星占就失去了可靠的基础。这让我们很自然地想到 200 年后第谷对精密测定星辰位置所做的努力。在注意到奥氏对星占的批评的同时，桑代克也指出他并非不加区别地反对占星术和占星术士。他说有些人是骗子，但有些人是好的研究者，他们"懂得如何科学地考察事情的本质，区分真伪"。在这个基础上阅读第谷、开普勒，我们就不会感到突兀，随之而来的科学革命也不再表现为一种由少数天才主导的突发事件了。

第 26 章论奥瑞姆对幻术的看法，第 27 章论"自然的奇迹"。在这里，作者力图把整个讨论置于一种平衡的考量之中，力图避免把科学史做成指向明确、以现代科学为目标、预先设定剧本的肥皂剧。依靠他的渊博，作者对所论整个时期的奇人晦士做了全面的考察，为数甚巨。这就提供了一种宏大的画面：面对自然的，不是个别突发奇想的怪人，而是为数众多的研究者；对自然的探究也更多地表现为一种社会活动。

又十年，第 5、6 卷问世，论 16 世纪。和前四卷不一样，桑代克花了整整两卷，48 章，1450 页，谈论这个时代。如果仅从当时的资料看，这个时代很大程度上是中世纪炼金和星占的自然后续，如果从科学后来进一步的发展看，这确实是后来科学革命清晰的先声。在桑代克的书里，和前四卷一样，读者看见的，是渊博和平衡的讨论。

通行的看法是，16 世纪科学革命发轫之初，科学方法和理念层出不穷，而其中最要紧的，当然是哥白尼和他的日心学说。但桑代克的处理，则取完全不同的视角。哥白尼其人其事，竟只有 24 页，在叙述 16 世纪的整个篇幅中，不到 2％；而且即便就这相对简略的讨论而言，哥白尼的医术、激发日心图景的"非科学"因素、宗教人士的反应，还占了相当的篇幅。尽管在此书写作时阿拉伯天文学尚未被充分地留意，但作者发掘思想和观念对科学发生发展的作用，而不是规规然局限于技术层面的意图，应当是非常明显了。此书所展示的，是整个 16 世纪人和自然两相搏击的情形：人作为一方，自然作为另一方，人对自然的叩问，表现为一个整体的和一个连续的演变过程，实验科学如何从幻术中渐渐成长，并且在下一个世纪，如何渐入高潮，科学革命次第展开。

培根

/

桑代克的著作行将完成之时，1956 年，意大利学者饶西撰成《弗朗西斯·培根：从幻术到科学》[①]，从另外一个角度考察了这个问题。饶西把研究的焦点放在培根身上，他读过桑代克，想必也注意到，尽管培根在 16 世纪生活了

① Paolo Rossi, *Francis Bacon：from Magic to Science*，Eng. Trans. Sacha Rabinovitch, Chicago：University of Chicago Press, 1968. 意大利文原版 *Dalla magia alla scienza*，Milan，1956.

40 年，但直到写完第 6 卷"16 世纪"，桑氏几乎没有提及培根。

作为研究的出发点，饶西注意到，1600 年前后，英国知识界有一多半人仍旧沉溺于中世纪，而仅仅 60 年以后，到了 1660 年，大半则已进入了现代，英格兰也从一个农业国变成了执欧洲牛耳进而称霸世界的强国。这种短促而剧烈的变化一定带来巨大的冲突，这是饶西研究的历史背景；而其中最重要的，在饶西看来，是英国工业的发展。

给后世历史学家深刻印象的，首先是在矿业和制造业中表现出来的工匠传统。在这些领域，实际的操作和现实的效果几乎是压倒一切的。先于培根 50 年，阿格里科拉的著作，就明白表现了他正在努力摆脱传统炼金术士隐晦生涩的用语和闪烁含混的隐喻。他以经营冶炼谋生，他的生意、生活和经验都更多地在技术和工业方面。他对自然的看法，对培根说来，更直接，更加可以想象。培根生当吉尔伯特和哈维的时代，但他没有特别强调这些从后来主流科学史中看来比阿格里科拉不知重要多少的科学家及其成果；对于哥白尼，培根也只给了很低的评价，认为他只是提供了"预测和计算"，并未真正从自然自身中发掘出来"哲学"。

另一个饶西认为值得注意的是，培根认为，所谓幻术作用于自然，加速或延缓其过程，并不是什么新奇的概念。的确，我们注意到，幻术和科学有着共同的土壤：两者均相信自然是有规律的，而这种规律是人所能认识并驾驭的。

饶西花了相当的篇幅讨论阿格里帕。和 15、16 世纪之交的很多学者一样，阿氏在欧洲多地游荡，当过医生，又是炼金术士，同样也颇有广为流传的著作。阿格里帕谈论的，是所谓的文艺复兴的幻术或"自然的幻术"，是通过对所有天上地下的物事的深思熟虑，进而洞察自然隐秘深藏的过程。饶西说，阿格里帕所谓的"自然的幻术"，不是圣徒所说的幻术——违背自然规律的神迹，而是把自然的力量阐发出来，仍旧是自然固有的东西，更多地依赖自然而不是技艺。至于"神奇的幻术"，所谓"奇迹"，应该回归这个字的本来意义，即"非凡卓著的事"，非关神祇。

在另外一方面，培根也在多处谈论一种"所有事物"都包含其中的联系，即物事之间的相互作用，或吸引，或排斥。他也谈论意念的作用，甚至还做过实验。饶西指出，在培根的物理学中，一方面是机械论的陈述，一方面是生灵概念，这种在我们看来的不自洽，一直是困扰培根研究者的大问题。在形而下的层面上，幻术和炼金术对培根的影响有限，但是他也确实从这一传统中继承和吸取了一种观念：科学，作为自然的奴仆和解释者，可以秘而不宣地和精心构划地，迫使自然降伏于人的意志，这就是常说的"知识就是力量"。读书至此，我们可以感受到"物质带着诗意的感性光辉对人的全身心发出的微笑"，而解读这种神秘微笑的，正是培根。

饶西的工作就其本来意义来说，是一种对培根的研究。第 1 章是幻术和炼金术对培根思想的影响，他如何排斥幻术，以及他对机械和实业的赞赏。第 2 章在更大范围里讨论培根关于知识的论述，他如何努力建立一种新的"历史"以取代亚里士多德，探寻传统知识体系最终失败的"历史的和社会的"原因。第 3 章作者重新回到"隐秘的智慧"，讨论古典神话和科学理论的关系。第 4、5、6 三章介绍培根的逻辑，当然这和我们本章的主题相距就比较远了。

2009 年，距其初版半个世纪之久，这一深入解读培根的著作赢得了巴尔赞国际大奖。这也在相当程度上反映了饶西思想之深邃和影响之深远。当其问世之初，幻术，或者不为后来科学规范所接受的种种对自然的探索活动，常被认为是不值一顾的迷信或者是不知所云的胡说。当科学史推进到科学发轫之初，深入到科学和自然的联系的最初始环节时，研究者蓦然发现，为了清楚地说明科学从无规范的混沌中生长成形，这些"前规范研究"绝不可少。

作为炼金术士的牛顿

/

在真实的历史发展中，事情实际上没有这么简单。常年来科学史所研究的、所积累的关于科学进程的知识，所构造的关于科学发展的理论，常集中在科学成形之后，这时著述繁富，有章可循；而骤然走出我们习惯熟悉的历史时代和专门课题，研究者真正感到了"幽暗昏惑而无物以相之"的苦痛。在这一方向上令人耳目一新的突破，是

1975 年德布斯的《猎取绿狮：牛顿炼金术的基础》①。

《猎取绿狮》考察的时间段和桑代克的第 7、8 卷类似，同为 17 世纪，但研究的主题更为专门，常集中于牛顿和他的炼金术。全书共六章，分为两个部分：前四章铺垫背景，后两章对牛顿的工作做了细致的研究。从篇幅上看，这两部分大略相当。

第 1 章或可以称作预备知识的预备知识：牛顿生平概略之后，从历史学的角度讨论了研究牛顿炼金术的方法。准确理解和大量使用牛顿的手稿当然是德布斯的强项，开宗明义，她介绍了此书对炼金术隐秘符号的解读和手稿使用的一些技术问题。第 2 章转入正题，讨论"17 世纪炼金术的概念背景"。这种"概念背景"不同于常见的、把 17 世纪描写成被称为"科学革命"的、突如其来的知识大爆发，或是从 18 世纪的角度倒过来追寻那些后来投向理性主义的模糊的影子。德布斯致力精心构造的，是以荣格心理学为模板的一种说辞。本章最后，通过和后来的机械论哲学的比较，她借用库恩科学发展的概念，把这一阶段关于物性的研究定为所谓的"前规范阶段"。

以炼金为目的的"老炼金术"，和宗教、哲学乃至以后的科学有着深刻的而且是千丝万缕的联系。这种技艺包括观念和操作两个方面。从和自然界万物生生不息、生长发育的类比中，炼金术士坚信万物——包括无生命的——都

---

① Betty Jo Teeter Dobbs, *The Foundations of Newton's Alchemy, or the Hunting of the Greene Lyon*, London: Cambridge University Press, 1975.

好像动植物那样，不可能外在于种种变化；在一种相当神秘的意义上，他们称之为"成长"。不同的金属，实际上是同一物事的不同成长阶段，于是"发育成熟"就成了炼金术的一个核心概念。发酵过程是一种强烈的暗示：随着时间的推移，酵母在面粉团里渐渐发力，导致了以后的一系列变化。与此相对的另一种变化，则开始于受精，在术士们看来，这正是奇迹的开始。有鉴于这样的认识，炼金术的目标常指向寻找或创造一种可以在常见物事中激发所期望的变化的触媒，或如酵母，或如精液，一旦做成，即可化腐朽为神奇，把平庸无奇、了无生机的东西变为保有无穷可能性的，或无穷财富，或无尽生命的宝贝。

炼金术的认识论基础是，宇宙万物息息相通，并在不断的变化之中；这种变化是有规律的，这种规律本质是一种因果联系，因此这种过程可以为人认识和仿效。正是在这一基础上，炼金术和后来发展起来的科学有相通之处。第3章在更大范围里考察了17世纪所谓"科学的"炼金术：其术语渐臻明确并进一步规范，研究渐渐和后来常为人称道的拉瓦锡化学接近；炼金术的理性化使得它渐渐和科学革命的主流合流。

在这样的大背景下，第4章逐个研究了牛顿在剑桥的多位师友，或是和他有直接关联的，或是对他的影响清晰可寻的：巴罗、亨利·摩尔以及"F先生"——据作者考证，此公极可能是弗克斯·克劳福特，剑桥学者，爱好化学，上述摩尔的好友。由此外推，作者进一步考察了牛顿

1660 年代的朋友圈，特别讨论了波义耳的著作对他的影响。

第 5 章"牛顿在 1668 到 1675 年间的炼金术研究"，长达 68 页，几乎占了全书的四分之一，重点在于重建牛顿的工作。先是对手稿的简要讨论，然后把牛顿的工作按时间顺序排列，整理成五个"实验"，各有不同的目的和方法，再对这些实验做一种综合的方法论的分析，继以一详细的对专门的手稿的讨论。作者明确告诉读者，她现在把讨论的受众从一般大众变成了专门的研究者。

大约在 1667 或 1668 年，牛顿从波义耳的短文《论形》而对"嬗变"发生兴趣，并开始收集和炼金术有关的手稿。这些手稿大略分为两类，一类是操作性的，并不见得有多少深入的理论基础，和当时一般人收集的种种"配方"并无二致；另一类是哲学性的，至少部分是森蒂伐吉斯等人的新柏拉图主义的论述。他同时也收集当时印行的炼金术书籍，这些书现在看来多少是兼顾化学和炼金术的。1668—1669 年，通过更多的阅读，牛顿似乎转向了"传统的炼金术"，并且购置了实验用的装置。从此时开始，牛顿笔记中关于炼金术的文字明显地变得复杂起来，而笔记内容的来源也越来越多地变成了未经刊行的文字，以及对各家各流派的比较陈述。更晚一些时候，牛顿自以为在"猎取绿狮"上取得了进展。由此或可推知，牛顿在 1675 年前后就开始质疑笛卡尔图景了。

第 5 章末尾，作者长篇讨论了凯恩斯手稿 18《锁匙》，又作为附录转录翻译了全文。牛顿在此记录了制备哲人汞时，变化是如何一步一步地发生的。

作者为第 6 章设立的目标是，说明牛顿是一个"科学的炼金术士"，从更多方面考察他的理论，最后表明炼金术的思维方式存在于牛顿体系的核心之中，而所谓的伪科学也仍有讨论余地。后来的研究表明，作为牛顿最辉煌的科学成就，经典力学的核心概念，吸引力，和他的化学及炼金术研究有无法切割的千丝万缕的联系。这就是本章标题所标明的，"炼金术和力学的合流"，或者更明白一点，她论述这一重要观念的小标题，"创立新的'力'的概念"。

按 17 世纪中叶自然哲学的基本信念，"宇宙是机器""人是机器"，万物的变化基于物体与物体的碰撞，即直接的接触。运动由此传递，所谓的变化，不外乎是速度、体积和运动方向的改变。这种机械论图景在解释运动，尤其是天体运动的机制上遭遇了很大的困难：天体是如何相互影响的？引力又是怎么一回事？在化学方面，正如牛顿在《光学》末尾直接提出质疑的，为什么有些物质会相互反应而另一些则不会？至于生命现象则更不是机械论哲学所能把握的。另一方面，通常用来描述运动变化的"力"，却和当时欧洲大陆的学者所认可的物理学、天文学格格不入：一方面人人能感觉到，另一方面又决然不是实体，无法定义，无法测量。对它的追寻，直如捕风系影；而诉诸感觉，又直接提示了灵异和生命体的概念，一直以来被当时的主流学者嗤之以鼻。现在，牛顿在沸腾的金液里看见的，是活生生的亲合力，不容否认，无法无视；但是化学反应所提示的"吸引"，在机械论哲学中却全无安身之处。牛顿不能想象，不能接受，冰冷的尘埃，笛卡尔所臆造的无所不能的神奇物质，能够构造出这样丰富的、生机勃勃的世界。正是牛顿把吸引力作为一个实体引入精密科学，正是牛顿促成的隐秘科学和机械论哲学的联姻，直接促成了现代科学的诞生。

解读牛顿的炼金术，在技术上非常困难，手稿杂乱，汗漫难读，而且当时牛顿关于炼金术的探索和思维模式更是迥异于现代，迥异于我们不知不觉地为其约束的科学规范。要重建牛顿当年的工作已属不易，遑论发掘幽隐。而作者竟几乎以一己之力，浸润其中，兀兀穷年，确有筚路蓝缕之功。1997 年，以区区两本专著[1]和为数有限的几篇论文，德布斯荣膺代表科学史研究最高荣誉的乔治萨顿勋章。

科学不是一蹴而就地出现的

如果说胚胎学的研究为人类进化提供了不少有趣的证据，那么在科学长成以前，人类认识自然的活动对于认识科学的本质及其由来，也提出了很多发人深省的论题。越来越多的研究表明，科学不是一蹴而就地出现的。人类经

---

[1] 另一本是 *The Janus Faces of Genius：The Role of Alchemy in Newton's Thought*，Cambridge：Cambridge University Press，1991。

历了长时间的、看似全无章法的摸索，才形成了规范化的科学，而这种"前规范研究"对于理解科学的产生和发展，自有着不可替代的意义。

10 技术史与科学史
的关系

■ 辛格主编:《技术史》, 1954—1978

■ 蔻婉:《美国技术的社会史》, 1997

科学和技术的分野

在讨论"什么是科学史"的小册子的最后,加缀"技术史"一节,在本书的大多数读者看来,恐怕应当没有什么需要特别解释的。这是因为在过去的百多年中,"科学"和"技术"好像已经不言而喻地被看作一回事了。至于"科技"一词,大家早已用惯,浑然不觉这是两个概念的缩写。

事实上,科学和技术直至不到 200 年前还是各行其是的两回事。如果不在乎非常学究气的挑剔,大略可以说科学的目标是理解,技术的目的则是应用;科学的研究手段是观察、假说和验证,技术的发展途径更多地依赖于实验、试错和改进;科学更多的是一种思维活动,技术则更依赖于社会实践。在科学史上可以很容易地看到很多例子,很多时期,科学的发展好像是在循着它自身的逻辑前进;不管怎么努力，事实上很难把牛顿经典力学的发展和斯图亚特王朝的政治纷争，或者玻尔的原子模型和第一次世界大战强扭在一起。在这个前进过程中，几乎看不到外在的，例如社会或经济因素的作用，尤其是科学发展的早期更是如此，正如我们稍早在第 2 章里讨论过的"内在学派"所反复强调的。如果一定要考虑科学发展的"外在因素"，通常让人立即想到的，也常是哲学和宗教。而对于技术说来，其发展从一开始就和军事、政治、经济以及各种社会生活密切相关，受这些因素的影响制约，在这些意义上，科学和技术的分野是很清楚的。

　　大概到了 19 世纪上半期，这种划分才慢慢模糊起来，科学和技术慢慢融合，而我们今天约定俗成地使用的、含混的"科技"概念，才慢慢出现。这时，在这两个领域里，各自出现了一种使得它们后来渐渐融为一体的变化。对于"纯科学"来说，观察和验证所需的仪器设备更多地仰赖技术的发展，而研究的目的和对象，受制于其资金来源，也越来越感受到一种压力，迫使它向社会说明其贡献和意义，或者回答应用技术方面提出的急迫问题；对于技术而言，其发展模式和研究方法则越来越深刻和广泛地受"纯科学"的影响，引进更加理论化、数学化的研究手法，发展出严整、缜密的逻辑，而困难的技术问题的解决也越来越多地依赖理论的指引。这就使得晚近任何一种对于科学史的讨论，如果不将其技术的层面纳入视野，做充分的考量，必不能完成对科学发展的完整说明。

技术史的鸿篇巨制

/

和我们讨论过的科学通史相对应，对技术的发展做综合性论述，涉及各行各业、堪当"经典"之名的，首推辛格主编的《技术史》①。辛格最初的训练是在伦敦大学学院和牛津的医学与动物学方面，完成学业后又在中东和东北非做广泛的旅行，渐渐对科学史发生兴趣。他先是对希腊医学做一般性考察②，后来专注技术史，毕其下半生的精力从事这一方面的研究，浸润既久，遂有鸿篇巨制。《技术史》正文五卷，每卷都在七八百页之谱。1960 年辛格去世，门人同事又再续第 6、7 两卷，合并为一册。全书编纂历经25 年，这就是我们现在看见的七大册的牛津版，按时间段划分：第 1 卷定为"远古直至古代王国的灭亡"，第 2 卷"地中海文明和中世纪，700—1500"，第 3 卷"文艺复兴到工业革命，1500—1750"，第 4 卷"工业革命，1750—1850"，第 5 卷"19 世纪后半期，1850—1900"，第 6、7 卷"20 世纪，1900—1950"，最后第 8 卷是综合索引。

以技术史跨越范围之广，细节之专门繁杂，这当然不

① Charles Singer ed., *et al.*, *A History of Technology*, Oxford：Clarendon，1954－1978. 这本书有王前、孙希忠等 11 人的中译，《技术史》，七卷本，上海：上海科技教育出版社，2004。

② 例如 Charles Singer，*Greek Biology and Greek Medicine*，Oxford：Clarendon，1922。

是一人之力可以完成的。事实上，这部书的肇始可以追溯到成书的50年前，当时辛格在牛津和一些对科学史有兴趣的学者组成了一个松散的小圈子，时时在图书馆聚谈，但真正的撰写却是在辛格退休之后。这时，辛格周围聚集了一群学有专精的青年学者，各擅所长，撰写专文，集合成为一种对技术发展历史变迁的考察，而辛格广博精深的知识和慧眼独到的品味又使得诸多相对独立的论文能适当地连缀成书，巨细无遗而又不蔓不枝，确保了此书超群的品质。此书在出版之初就备受称赞，辛格不久也得到萨顿奖章，当之无愧地荣臻科学史研究领域的最高荣誉。

这样的结构使得此书既有通史的视野，又能专注于某些当时比较成熟的论题。如上所述，全书是按通史的编年顺序安排的。第1、2卷的主题是古代，内容颇受韦伯影响，对"技术"的定义比较宽泛，囊括"所有可以想象的人类活动"，这和我们通常所说的"技术"的概念很不一样。

第3卷关注的时代为1500年到1750年，时间跨度250年。请留意，这正是现代科学成形的时代，新的思想、新的宇宙图景、新的哲学和新的研究方法层出不穷；然而对于技术的发展说来，除了航海，却仍旧是一个常规的时期，不似辉煌。辛格分六篇讨论这个时代。第1篇从"基本的生产"，也就是吃喝开始，直到煤的广泛利用。如果和直接承续这一时期的工业革命时代连看，想到这煤的使用将要促成焦炭取代木炭，进而导向冶炼工业的一大跃进，就知道这不能被看作一个孤立的技术手段的发展，而直是一场真正的大革命的先声了。第 2 篇是"制造业",分门别类地讨论了和家庭手工作坊相关联的各种手工工具。第 3 篇题目是"物质文明",涵盖排水和城镇建设,又有一段再讨论机器和"机械化"。其中对我们有些特别趣味的,是关于"印刷"的详细讨论。从古腾堡的发明说起,承认旅行者从中国带回来的"无数的书"可能是一种激发因素,但不认为这一发明完全来自中国。接着细致地讨论了古腾堡的印刷技术,包括印刷机、纸张、油墨、铅字的制造以及印刷作坊的运作,直至 1730 年的发展。不论内容是否公允,这应当还是严肃的写作。第 4 篇"交通",先谈桥和运河。同样有趣的是,"运河"也是从一段关于中国早年,早到公元前 215 年的广西灵渠的讨论开始的,一直讲到京杭大运河,图文并茂,并声明很多内容来自作者和李约瑟的讨论。

接下来两篇,致力于有关地图绘制的细致讨论,篇幅长达几 60 页。的确,地图,尤其是航海图,在 16 世纪的航海和地理大发现的大舞台上,当仁不让地占据了中心地位。第 4 篇的主要部分,就是造船航海和地图绘制,连同第 5 篇"科学仪器",一同构成了"走向科学"的主题。正如我们在本书第 8 章提到的,为了测定航船在茫茫大海中的位置,完成远航,航海钟成了一个关键。早期的精密科学仪器,除了望远镜和显微镜,以及当时测定星辰位置的一些仪器如六分仪之外,最有特色、最能代表当时风尚的,当推机械钟。文章洋洋洒洒从最早的设计开始,转入对 1348 到 1362 年间德东蒂所做的天文钟的细致描述,甚至包含其内部零件和传动链的细节，并且都有细致准确的图示。在介绍了钟摆的引进和利用后，自然，哈里森兄弟的航海钟以及稍后的擒纵机构，都被一一做了讨论。这些看起来零散而鲜有联系的事件对于即将到来的下一个时间段，工业革命，构成了必不可少的先导。

第3卷以霍尔题为"西方的崛起"的简要讨论结束。霍尔认为，西洋社会的工业化，以及与之俱来的现代化，肇始于这一时期。直至本期，欧洲以外的文明，他特别列举了中国和伊斯兰，在技术上较之欧洲并不逊色，但后来的历史却很不一样。他再次提到了印刷术，提到这一重要技术在欧洲和中国，有着完全不同的后续发展。他认为，这应当和欧洲当时的，甚至是中世纪时的，比较宽松多元的社会环境有关。这种辉格式的解释很可能来自1950年代初剑桥科学史和历史学的学术环境和他所受的教育，现在看来，语涉粗疏，似稍嫌简化。

霍尔对这一命题的思考最先出现在他后来多次再版的《科学革命》① 一书中。当时霍尔34岁，出于巴特菲尔德和柯瓦雷门下，刚刚开始在剑桥执教。他是当时少数几个出身历史学且没有科学或技术训练背景的科学史研究者之一，以至于辛格曾很是怀疑他是否有能力处理他所必须面对的自然科学和技术的问题。霍尔考察更多的，是从科学革命

---

① 初版是 A. Rupert Hall, *Scientific Revolution*, *1500 - 1800*, *The Formation of the Modern Scientific Attitude*, London: Longmans, 1954, 后来迭有修订，下文提到的，是1983年修订本，书名也改作 *The Revolution in Science*, *1500 - 1750*, 但对于"技术因素"的讨论改动并不太大。

角度看技术对其发生发展的影响。他的论述，可能受制于讨论的时间段，常偏重于科学仪器，至于工业或工程技术本身的发展，则仅占据相对次要的地位了。稍后我们将看到，作为技术史研究的下一阶段，学者们将要提供更加综合和深入的讨论。

至于《技术史》，仅以第3卷为例，770页的正文，426帧精美的插图，56幅珂罗版的实物照片，就足以让它在以后的几十年里成为这一领域的标准参考书。该书第4、5卷，集中讨论工业革命时代，包括了更多的技术细节。纵观全书，从篇幅上可以清楚地看出作者用力的重点：处理远古的第1卷，时代涵盖了上千年；然后是"古代"，大约750年；我们刚刚讨论的第3卷，约250年；再后，"工业革命"，几乎同样的篇幅，而跨越的时代仅约100年。最后，19世纪，也是作者们撰写时几乎可以称为"当代"的时期，更只有50年。我们当然不可能细致地复述重现辛格和他的同事们用5000页的篇幅构造的技术史宏伟画面，但所有读者大概都能相信，技术史的下一步发展，只能是在不同的方向上，从不同的视角，依托不同的理论框架所做的全新突破了。

技术史的社会化

/

如我们一开始就力图强调的，技术发展的一个引人注目的特点是它和社会的紧密联系。据此，要对技术史做完整的追寻，必须诉诸其成就的社会背景。辛格的下一代研究者，走的就是这条路。恰在辛格《技术史》出版 40 年后，蔻婉的《美国技术的社会史》^① 作为一种"教科书"问世并广得好评，同年得技术史学会的最高荣誉达·芬奇奖章，稍后更获科学社会学研究学会的贝尔纳奖章。

此书三篇，分别对应于美国技术发展的三个阶段。第 1 篇很大程度上是论英国殖民时期的农场和城镇经济。在宗主国重商主义政策的压迫之下，北美殖民地首先被定义为一种原料的供给地，地广人稀，技能差强可论的工匠很少，更不要说能汇聚成可以称之为工场的技术中心。北美特有的自然环境又造成了"自给自足"的经济形态，技术，在当时主要是机械制造和纺织技术，都未有实质性的发展。第 2 篇从 1790 年美国建国之初开始。先是，好像完全出于偶然，一个心灵手巧的年轻人惠特尼受邀研究"脱棉籽"。原来当时南方引进了一种短纤维棉花品种，在种植管理上有很大的优势，但其棉桃和棉籽不易分离，从而不能推广大面积种植。仅仅用了十天时间，惠特尼制造出一种机器，工作效率一下子提高了十倍，解开了制约农场主大面积种植这一新品种的困局；进一步，如果用畜力或水力驱动的话，工作效率据说可以提高 50 倍。

很多历史学家认为，脱棉籽机对于美国南方的蓄奴制

① Ruth Schwartz Cowan, *A Social History of American Technology*, Oxford: Oxford University Press，1997.

度发生了深刻而不幸的影响，但就技术史而言，这个相当天才的发明并没有使得美国技术的发展发生戏剧性变化。原来惠特尼的设计特别简单，在很短的时间里，成百上千的仿制品，就是我们现在常说的"山寨产品"，一下子充斥了产棉区，因此惠特尼本人完全无法由此筹集继续研究的资金。而仿造者所注重的是短期收益，并无进一步研究改进的兴趣，遑论以此为基础发展机械制造业。事实上，在造出第一台样机的18个月后，1794年3月，惠特尼确实申请了专利。但是，当时美国的专利制度很不完善，对他的专利保护直到1807年才生效。和瓦特利用布尔顿为他争取到的25年专利保护大大改进了蒸汽机，并由此将机器制造发展为英国工业革命的支柱产业的先例比较，惠特尼没有在棉籽机上再进一步，虽说可惜，也就很可以理解了。

尽管对于独立战争而言，英国是不折不扣的敌国，但是美国工业技术发展的最初阶段，却在很大程度上得益于借鉴甚至抄袭英国先行的工业技术和制度，择善而从，再结合美国自身的自然条件和社会优势，更上层楼。最初把英国的工厂组织及其布局设计和经营管理介绍到美国来的，是英国移民斯累特，冉是几乎与之同时的劳尔。前者在英国已是行业中人，后隐瞒身份，突破英国为保持技术优势的移民禁令，秘密迁居美国；后者则是在英国游学，以自己的努力，硬是把所参观、观摩过的工厂，从总体安排到机器装备的细节，烂熟于心，回到美国以后，通过艰苦的回忆，再把工厂重新构建起来。

值得留意的，也是作者所着力强调的，是所谓美国版工业化的成功之处，不仅仅是，而且主要不是，亦步亦趋地照抄英国的工业技术，而是以英国工厂为原型，慢慢形成了美国独特的体系。其中一个突出的特点是，从一开始美国人就注意到工业的发展必须和社会平行和谐地进行。按照所谓的斯累特体系和劳尔体系，工厂和生活配套设施都要同步建造。而且，在为工人提供必需的生活条件的同时，注重对工人的管理，包括对青年工人的强制教育和培训，甚至包括他们的精神生活，诸如参加主日活动，以及他们日后离开工厂后生活的安排，都在工厂建设的一揽子计划之内。

介绍完这些美国工业化最初阶段的开拓者，作者对1780—1820年的"美国工业化"做了一个小结。她注意到，美国工业化是从一个当时世界上最微不足道的经济体开始的，经过40年的努力，在工业产出和产值两方面都直逼英国，这一巨大的成功得益于像惠特尼、斯累特、劳尔等先驱者的"经营技巧、沉稳耐心、远见卓识和坚韧不拔的意志"。而在此之上，更有美国在地理、经济和社会方面无与伦比的优势，帮助美国如此迅速地完成了这一规模巨大且影响深刻的转型。这些因素包括：由土地广阔而来的低廉地价；由于缺乏手艺娴熟的工匠而迫使技术创新从一开始就注意替代高技术工人的机械设计。同时，独立之初严峻的军事态势使得美国从一开始就注重军火和军用品的生产，而这种生产始终得到政府的资助；迅速成长的军火工业又通过"军转民"帮助了民用产品的发展，不断的移民和不断增长的人口又使得民用市场久盛不衰。同样因为土地广阔，美国的制造业中心分布比较分散，不似英国，很快就变得拥挤不堪，而是在相当长的时间里维持了一种健康的状况。

接下来作者用四章分别讨论了交通运输（主要是道路和运河）、发明专利和经营管理、主要的工业门类以及一般人民的日常生活。作为第7章的结束语，作者从1920年回看这近百年中的巨大变化，其中最突出的，是她所谓的"技术体系"深入到了新世界社会的方方面面，造成了一种全然不同于过去的社会生活图景：大部分人从农牧场迁到了城市，他们所消费的食物是由运输系统从工厂中运来的，而这些工厂由电力系统提供动力。他们夜间的照明、冬日的取暖，也都是由工业系统提供的。到了工业化渐近完成时，人和人不再像农业时代那样可以自行其是，没有人能够独立于这一庞大的技术体系之外。这一体系使得社会中所有的人，富的穷的，男的女的，年长的年幼的，从技术上和社会上看，全都搅在一起，社会阶层的划分不再僵强呆滞，工业化构造了一种和之前完全不同的社会。

接下来的问题是不可回避的。第8章在讨论了一般的社会生活以后，作者问道，对于工人来说，工业化是好还是坏呢？作者认为答案显然不是一两句话、一两个例子可以概况的。然而接下来更困难的问题是，技术对于文化有什么意义呢？

我们看到，在第2篇接近结束的时候，作者力图深化她对于技术、技术和社会的关系、技术和文化的讨论。这正是技术史研究特别要留意的地方。技术发展和社会环境的互动是双向的，而且进入 20 世纪以后，这种互动表现得更加密切。

第 3 篇占全书三分之一的篇幅，讨论 20 世纪的美国技术，这正是美国在这个世纪能繁荣富庶、横行四海、称霸世界的基础。

先是汽车工业，这是美国之所以成为美国的重要产业。在 20 世纪上半期，其至直到此书写作的时间上限，1970 年代，汽车都是美国技术成就的代表。美国地域广阔，对于中短距离的货物和人员运输本来就有很大的需求，而在 20 世纪初，美国的工业能力也已达到了相当的水准，完全有能力支撑这样一种技术发明和应用高度综合的产业。福特汽车采用的装配线和基于市场调查设计的、准确对接中产阶级需要的 T 型车，造就了差不多直到 1930 年的巨大成功，而相对宽松的经济模式又保护了通用汽车等后起之秀成功进入竞争行列。钢铁、电器、化工诸行业也随之蓬勃发展，一时间汽车工业带动了美国经济的半壁江山。同时，路网建设和汽车运输两者互为因果，相互刺激，相互扶持，竟然从根本上改变了美国社会生活的格局。郊区出现了，中产阶级向生活环境更好的市郊迁移，这又大大提升了汽车的市场需求，在更大规模上带动了汽车的生产。到 1950 年代，汽车和路网成了美国的典型形象，向全世界夸示着美国的繁荣。

航空工业是美国技术发展的另外一个亮点。和汽车不同的是，几乎从一开始，航空技术巨大的军事应用前景就为人瞩目，在第一次离地仅仅5英尺的飞行成功后不到一年，1904年，军方就直接介入了这一领域，同时而来的，是几乎取之不尽的财源。第二次世界大战更是直接刺激了航空工业的发展，资金和优秀的工程技术人才涌入这一领域。美国政府更是在政策层面和行政组织上积极扶持，罗斯福总统直接指示建立了"科学研究和发展办公室"。从技术发展的角度看，这提示了一种前所未有的，后来以R&D即"研发"而为人所知的模式。文章着重讨论了作者称之为"军方-工业-科研联合体"的独特结构，这种组织方式又被"曼哈顿计划"采用，直到1945年原子弹研制成功。作者认为，至此，美国政府作为技术成果的采购者、研究经费的提供者、技术教育的支持者，已经是航天航空领域主要的、决定性的角色。而这一格局的另外一面，则是"军转民"模式的发展，最典型的，作者引述的，是B-29轰炸机向波音377的转型。民用市场的巨大潜力和稍后接踵而来的冷战成了美国航天航空技术发展的两个持续和强大的推动力。

技术史的"现代化问题"

作者接下来花了两个章节讨论电子技术和生物技术。

这让读者突然意识到，这是一本 20 年前的"老书"。对于历史研究领域的著作而言，20 年还真不能算是一个了不起的大问题。说实在的，我们现在不是还在读陈寅恪，还在读《雾月十八日》吗？为什么一本 20 年前的技术史会成为问题呢？

以出版时间推算，作者的撰写应当在 1990 年代上半期，取用的研究素材的时间上限大约最多到 1970 年代中期。她讨论的电子技术，很大程度上是电报、电话、电视、无线电广播，以及简要提到的真空管和晶体管。至于生物技术，她讨论的是杂交玉米、青霉素和避孕药。在现在的读者看来，电子技术和生物技术讲的似乎完全不是这些事。我们今天还真不知道是应该向作者的先见之明表示足够的敬意呢，还是应该因为此书未能包括一大半 20 世纪最重要的技术发明和应用而感到遗憾。这里我们无意中碰到了一个机会，让我们对一个关于技术史、其实很大程度上也适用于科学史研究的问题，做一简单的探讨。

近二三十年技术的发展，日新月异，新设计、新理念层出不穷。和这种爆发式的发展相伴的，是工程技术领域的专业化、精细化程度日益提高。离成书不到 20 年，这种分化已是如此剧烈，以至于没有一个人能妄称自己是"计算机专家"，甚至没有人敢说自己是个"软件专家"。他们只是某一款软件的某一些片段的某一个问题的专门研究者。至于技术史的研究者或撰写者，恐怕没有多少人能清楚地说出安卓系统和苹果系统的优劣高下，而且就是说出来了，恐怕也没有几个人听得懂，或者愿意听。

这就产生了一些问题，简单地说就是向读者普及这些技术专门知识的问题，以及作者本身专业素养的问题。对于早期技术的历史，还有可能解决，也不乏相当成功的著作，比如和上述《社会史》几乎同时出版的毕林顿的《创新者》①，其论述上限在 1883 年，其内容也限于火车、汽船、钢铁、电报这些领域，直观而且一般读者也多少有些接触和了解。对于我们现在碰到的"电子技术"和"生物技术"，似不可相提并论。

要深入研究科学史或技术史，当然要求参与其事者有良好的专业知识和训练。但毋庸讳言，在这种非常专门的领域里，他们的训练当然不可能也没有必要达到可以和专业研究者一争高下的深度，在时间上也不可能和专项发明同步。即使不论作者的专业知识，读者恐怕也很难具备阅读这种高度专业化论述的预备知识，通常也没有钻研种种技术细节的兴趣。很多事例表明，一味追求"最尖端、最新"的主题，在科学史和技术史研究中，常导致事倍功半的结果。蔻婉对电子技术和生物技术两大门类的处理，虽说有些遗憾，但似乎也是可以理解的了。

如科学和科学史的关系一样，技术在其专门领域里的发展和技术史研究有着密切的联系，但从本质上说是两回事。工程师矻矻于斯的研究对象是自然物，而技术史的论

---

① David P. Billington, *The Innovators: The Engineering Pioneers Who Made America Modern*, New York: John Wiley & Sons, 1996.

题却是这种"对自然物的研究"。技术是要提升我们对自然力的应用；技术史则是希望通过对历史的梳理，揭示技术发展及其和社会生活环境的关系。《美国技术的社会史》当然没打算教我们如何炼钢、如何造桥，作者要做的是对这一两百年来美国的技术发展进行反思，探讨社会和专业技术发展的关系以及相关的各个因素。这些因素肯定不是单一的，在各个不同时期，对每个行业各有不同。作者恰如其分地归纳出三个阶段，讨论了美国建国前的自然环境和殖民地政治，建国后百多年的社会文化和经济，以及 20 世纪以来渐成霸主的军事和政治，清楚地勾画了美国技术和社会发展如何互动，技术发明如何为常人所渐渐接受，科学概念如何逐步地社会化。这恐怕就是科学史、技术史所特别留意的"通过事例讲述哲学"的初衷了。

11 另类的规范：
以中国史为例

■ 李约瑟：《中国科学技术史》和《中国古代科学》，

　　　　　 1954—　，　1981

■ 席文：《11 世纪中国的健康和医疗照顾》， 2015

■ 坦普尔：《中国的创造精神——中国的 100 个世界第

　　　　　 一》， 1986

■ 薛凤：《工开万物：17 世纪中国的知识与技术》， 2011

如果从"规范"概念的本意而言，应该并不存在"另类"之说。所谓规范，是一种以范例定义、传达的规定，其最突出的特点是其严格的排他性和约束性。这本来是个语法术语，常用于指语言中某一类动词的词根变化规则，如法语第一组规则动词-er第一人称复数现在时的词根当作-ons，第二人称是-ez，第三人称则是-ent。第一人称必须用-ons，其他人称则不可作-ons，互不错乱。库恩借用这个术语形容自然科学研究的一个特点，即对某一类研究，有一种必须尊崇和遵守的模式，如有违反，必被大多数研究者拒绝，排斥于圈外。由此可见，所谓"规范"自有其"唯我独尊"的本性，应该谈不上什么"另类的规范"。但要留意的是，这本来是对自然科学而言的一个概念，并不能简单地转用于科学史研究。可能是因为和自然科学研究关系较为近切，科学史研究者受这种观念的影响较其他历史学分支更为明显，认定"科学"就是我们上文提到的狭义的科学，所谓科学史也就是研究上述科学的发展，而对其他不能纳入此一范围的题目，常存而不论，甚至视而不见。

直到大约 60 年前，这种情形才有些改变。

李约瑟模式

/

以对于中土文化的研究而言，里程碑式的转变起于 1954 年李约瑟《中国科学技术史》① 的问世。据李约瑟的传记作者说，李对于中国和中国历史文化的兴趣起于 1938 年，这一因缘不仅成就了这部 15 000 多页的巨著，也让李老博士终其一生得享齐人之福。

1930 年代初，以格森关于牛顿的社会经济背景的历史分析② 为标志，科学史界开始留意考察社会经济因素之类的"外在影响"，稍后墨顿由此进一步发展了科学社会学。这一新的学术取向后来被不太准确地称作"马克思主义学派"，而李约瑟、考德威尔、贝尔纳辈均名列其中。接踵而来的世界大战，又把欧美学者的目光转向了他们以前不太

---

① Joseph Needham *et al.*, *Science and Civilisation in China*, Cambridge：Cambridge University Press, vol. 1, 1954；vol. 2, 1956；vol. 3, 1959. 按其公开的计划，全书 7 卷 27 册，但至 2008 年实际出版了 26 册，缺第 5 卷第 11 分册；其余各卷情形见下文。这部书的前四卷和后续各卷的若干分册有卢嘉锡领衔的中译，《中国科学技术史》，有科学出版社、上海古籍出版社、香港中华书局先后参与，书名从冀朝鼎的题签；又有陈立夫领衔的中译，《中国之科学与文明》，前四卷，其余各卷不详，台北：商务印书馆，1975. 下文偶尔提到的"页数"，均指英文初版，以中译版本众多，势难一一照顾且易致混淆耳。

② Boris Hessen, "The social and economic roots of Newton's Principia," N. I. Bukharin *et al.*, *Science at the cross roads：Papers presented to the International Congress of the History of Science and Technology*, *London*, *29 June-3 July*, *1931*, *by the delegates of the U. S. S. R.*, London：Kniga, 1931. 该书 1971 年重印时，李约瑟为之序，London：Frank Cass &Co。

留意的亚洲和北非的广大地区。因为战争的缘故，李约瑟得以亲往中国，考察历史遗迹，搜集古籍资料，交结硕学名流，特别是结识了历史语言研究所的王铃，为这部书的写作做了很充分的准备。王铃后来随李约瑟到剑桥，与李合作长达十年，其待人接物常恂恂然如凡常人，而对此书的写作则贡献至伟。

据说，李约瑟最初的计划，是写一本介绍中国古代科学技术的篇幅相对可控的专著。但实际上，最终呈现在读者面前的，是一部 7 卷 26 册的大书。从 1954 年第 1 卷问世，历经 54 年，到 2008 年基本完成，写作计划也多有改动。在第 1 卷导言中，作者列出了他当时计划的以后各卷的纲目，其中前四卷已有比较清晰的组织结构安排，或可称为一组，后来我们也看到，这一部分实际上基本由李约瑟本人和王铃撰写；至于第 5 和第 6 卷，作者明确告诉我们，当时尚未安排。从后来实际出版的情形看，也确实如此，特别是第 4 卷以后，大半由外聘学者撰写，内容划分较细致专门，行文也不似前半部紧凑，而且也鲜有涉及全局的讨论。

第 1 卷导论。在这部人书的第 1 卷第 1 页，作者问道，中国人在公元 3 世纪到 13 世纪之间保持着一个西方所望尘莫及的科学知识水平，但之后中国的科学为什么会长期停留在经验阶段，并且只有原始型或中古型的理论？这就是后来困扰了几代科学史研究者的"李约瑟问题"。

接下来的几章反映了作者"成一家之言"的雄心壮志：

他先设立了自己的汉字拉丁拼音的系统，花了15页介绍了汉字，同时也展示了他所涉猎的资料，古籍、专著、百科全书和词典，蔚为大观。接着介绍中国历史。可能是在此书编纂之初，假想的读者是"广大有一定文化程度的"人群，他们对于中土文化了解有限，所以加叙这三章在一般中国读者看来略同于扫盲的文字。第7章占本卷一半篇幅，介绍"中国和欧洲之间""科学思想和各种技术"的传播，尽管本章所谈论的大半是印度、波斯和阿拉伯的情况。这一段的叙述，让我们初次领略了作者的广博，给稍后长达50页的文献目录做了一个具体的诠释。作为本卷的小结，被称为"总的观察"的最后一段，作者讨论了"传播和趋同""简单性和复杂性""发明权和传播"等更具哲理性或普遍性的问题，所用的方法主要是比较中国和"相互隔绝的各种文化""并行的相似的发展"，并利用和生物进化理论中异体同形器官的类比，讨论了这一做法的基础。最后是"对陌生事物的接受或排斥"，好像是为以后卷帙浩繁的论述做一个类似得胜头回的开场白。

第2卷正式进入主题，并以"中国科学思想史"为副题，系统地讨论中国历史上的主要哲学和思想流派，参考引用中日文书籍600余种，西文1400余种，论者以为"实为空前"。

在一个非常简短的引言之后，李氏花了五章分别讨论了先秦四个最重要的"流派"，儒家、道家、墨家和法家，稍后也论及佛教。李约瑟认为儒家太世俗化，旨趣常在人间，虽然有理性主义趋向，但与之相关联的官僚主义则明显地阻碍了科学的发展。和儒家相对的是道家，而中国科学的思想基础也植根于此，例如庄子所描写的庖丁解牛，其中庖丁所说的解剖学，"较之星辰运行的"自然秩序"别无二致"。而且，道家所鼓吹向往的无为和小国寡民，也能助力打破封建官僚主义，于倡导科学有积极的作用。在对各家论述中，李氏独重道家，篇幅占全部论述的一半以上，相比之下，佛教仅得差强六分之一，法家则不到二十分之一，其用于梳理中国科学思想史脉络的基本观点，已是清楚可见了。

由于充分认识到中土文化传统中若干基本概念定义之含混，李氏独辟一章论"中国科学中的基本概念"，依次讨论了80个基本词素，如"非""易""变""真""天""东""光"等词的用法和在文中可能的含义，兼及阴阳家和《易经》。有了这些准备，作者再回到秦以后关于道家的论述，直至宋代的理学，认为"理"即"结构原则"，并将其与西洋哲学中的类似概念做比较。在本卷最后，作者再次讨论了"法""理""天法""义""度""律"等概念。

在第1卷开头的部分，作者列举了研究中国科学史所必要的资质，包括较高的科学素养、对西洋科学史及其社会和经济背景的了解、在中国生活过并有很多中国朋友并且应"具有关于中文文字的知识，即使不能快速阅读，至少能够查阅原著和必要的工具书"。诚然。虽然全面了解——且不说理解——中国古代哲学的各个流派及其体系，绝非通过"查阅"可以做到，但以作者一共只花了 15 年，从开始学习中文到著书立说来说，也确实是了不起的成就了。

第 3 卷转入对具体学科的讨论，分三个部分。第一部分，是数学，以数学的几个"重大的里程碑"为线索，介绍了从远古到明代的发展。然后分论算术、计算的机械工具（如算盘）、几何学，包括毕达哥拉斯定理、杨辉和欧几里得、坐标几何学。代数方面则有二次和三次方程、二项式定理和帕斯卡尔三角形、级数和数列、排列和组合等等。接下来是"天"和"地"。天文学也是从史料开始，然后是古代的宇宙观念、天空星座的划分、天文仪器、天象记录等等。使人略感意外的，是关于历法的讨论只占了很小一个部分，约略不到 20 页。最后是地学，包括地理学和地图的绘制，还简单地提到了地质学、古生物学和化石，最后以地震学和矿物学结尾。此卷主题，数学、地学和天文学，事实上是中国古代关于自然知识的强项，而此卷篇幅和后面 5、6 两卷比，似稍嫌单薄，这可能是时当撰著之初，未及规划如后来的鸿篇巨制，也可能当时作者的注意力尚在"理论科学"一面，对应用科学和技术未及做通盘考量。

第 4 卷分为三个分册，是为物理学、机械工程、土木工程和航海技术。前三卷的撰写，使得李氏认识到中国科学技术史是一个"没有穷尽的大洞穴"，其内容之多，牵涉之广，绝非一人或数人之力可以完成。于是在行文上，将各卷再细分为"分册"，在撰写人方面，则大大扩大了合作者的范围，并从稍后的第 5 卷起，更由各人独自负责一个分册，组成了一个研究及撰写团队。

"物理学"即第 26 章，大致按力学以及声、光、电磁分为八个论题。力学有诸如"波和粒子""质量""静力学和流体静力学""运动""表面现象"等专题，光学则侧重介绍了镜和透镜，声学则有五声音阶、七声音阶、调音准确度以及平均律。电磁部分占篇幅最多，"磁的方向性和极性"一节从探讨磁罗盘在欧洲和伊斯兰国家的出现，追述了罗盘在中国的发展，其中对指南针的论述颇可留意。作者先摘引了《萍洲可谈》中大家耳熟能详的记录，并引人注目地考证了西洋学者对朱彧文中"甲令"一词的误读，指出"甲令"就是政府的敕令，并征引了若干中外学者的研究，表现了作者对史料的严肃态度和对语言的准确把握。接着又引《东京梦华录》两则，进一步确定所谓的指南针或针盘是磁罗盘，并再次声称中国在航海罗盘方面，较西方早了一个世纪。

在此书的最初设计中，作者曾经设想过"把科学或前科学作为一个方面，技术作为另一方面，放在两个不同的部分"，但经过再三考虑，觉得仍旧"不可能把它们分开"。细看全书成书以后的布局，前三卷似乎是以"科学或前科学"为主题的，第 4 卷已偏重技术，纵使开篇有些和物理学概念相近的段落，如"波和粒子"，但仅得差强 11 页，而内容殊非现代读者所习见，甚至作者在最后谈到波动概念时，也只好说古代中国"从未专门地系统地用（它）来解释物理现象"，论述遂现牵强。至于第5、6卷，文章则似乎完全离开了"科学"的方向，在这两卷中，"技术"分别以12个分册和6个分册占据了全书最终完成的26个分册的七成，专注采矿、钢铁、陶瓷、农产品加工、发酵和食品之类的技术细节了。

粗略地说，前三卷和后四卷在内容上的反差折射出的是撰写"中国科学史"的一个本质困难。李著洋洋大观，独树一帜，对于西洋读书界岂止振聋发聩，无形中为研究中国古代科学与技术立下了一种典范。此书以实际的成就说明，在关于科学和技术的史学研究中，可以有不同于已成的、以希腊罗马或科学革命为模板的做法，不必视其为不可逾越的雷池。李氏巨著为后来中国科学技术史的研究带来了三个显见的影响：一是李氏立志系统研究非西洋主流史，但其构造仍多少承袭西洋史按"物理""化学""生物学"的划分，意欲有所突破但终未能如愿，而这种划分对于中国的实际情形，多有不协；二是构造了"李约瑟问题"，这个问题的提出，一方面刺激了对中国古代发展的研究兴趣，另一方面也使得研究者长期盘旋于此一封闭空间，不得舒展；三是对科学和技术不做划分，对于个别事件追寻细末，有时不免令人有林深不知处之叹。事实上，作者原意是要扫荡西洋对中国古代科技成就的无知与无视，但百多年来科学史研究的传统，尤其是其研究对象是高度规范化的科学，竟然也表现为一种对科学史写作的规范，约束了撰写者的构造空间。

"李模式"也有些调整

/

在 20 世纪五六十年代中国科学史的研究渐为人留意之初，沿袭李氏的做法，追踪个别事件，旨在说明中国古代如何领先于西洋的著述一时脍炙。美国学者坦普尔的书①成书最晚，或可视为这一方向的集大成之作。正文 11 章，涵盖农业、天文学、交通运输、声学和音乐、军事工程各大方面，详列中国古代发明 100 项，从深耕细作、铁铧犁，到"化学武器、毒气"，巨细无遗，图文并茂，并在内封编排成彩色图表，令读者一目了然，一举获美国图书馆协会奖和联合国教科文组织推荐，一时大行于世，成了普及中国古代科技知识的很受欢迎的"通俗史"。

尽管有些批评，李氏的开山之功也得到了诸如史学大家汤恩比、辛格及读书界的充分肯定。第 1 卷问世 26 年后，1979 年，李约瑟假香港中文大学钱宾四讲座的机会，重论中国古代科学技术②，更有发明，确实有些新意。在为此书出版撰写的前言中，李约瑟回顾了他学习中文和中土

---

① Robert Temple，*The Genius of China*，*3000 Years of Science*，*Discovery*，*and Invention*，1986，rpe. 1991，London：Multimedia Books. 此书有陈养生等中译，《中国：发现与发明的国度》，南昌：21 世纪出版社，1995；2003 年人民教育出版社又以《中国的创造精神——中国的 100 个世界第一》为题再版。

② Joseph Needham，*Science in Traditional China*，Cambridge：Harvard University Press，1981. 此书有中译《中国古代科学》，香港：香港中文大学出版社，1999，但本文撰写时未及利用。钱立卿博士帮助查找资料，谨致谢忱。

文化43年的历史，尤其是《中国科学技术史》的撰写。他说，最初是打算把全书分为"天"和"地"两部分，但没有考虑到，为了覆盖整个讨论范围，需要花费如此之大的篇幅。更进一步，自1950年代起，又有无数的专题研究发表出版，有宋代的水利工程，有从汉到明的建筑学，有无数的考古学报告，令西方学界目不暇接。

全书五章，大略对应于当时实际上的五次演讲。第1章绪论，对中国古代的科学与技术做了一种综合性的讨论。开宗明义，他重述了当时已是备受争议的"李约瑟问题"，并且，如他稍早所辩解的，他强调说，即使他的有些提法可能显得少许言过其实，但那也是对多年来的偏见的矫枉过正。他承认，各个文明之间有可能在一定程度上是不可公度的，但是，以自然为对象的科学，应该首先表现为知识的积累，这种积累渐渐提升了人的知识和力量。在这个意义上，李氏认为，张衡在地震学方面比色诺克拉蒂懂得更多，苏颂的计时技术比维特鲁维奥更好；牛顿深入研究了自然，而爱因斯坦则更深入。所以，在"中国科学的溪流汇入现代科学的大海之前"，中国在很多方面取得了令人瞩目的成就。李约瑟说，说明这一切，就是他给自己设立的任务。接着基本按《中国科学技术史》的顺序，分述了各个知识分支的情况。首先是物理学，他重提了第4卷第1分册对波和粒子问题的讨论，并由此联系到中国古代数学代数强而几何弱的问题和印度佛教所采纳的关于原子的胜论派理论。然后是机械工程、军事技术、纺织和丝织、生物技术，最后是医药。

李约瑟认为，研究中国古代科学史要注意和西洋做对比，他认为中国哲学的根源是一种"有机的唯物主义"，而"形而上的理想主义"在中国从来没有占据支配地位，因此对于世界的机械论观点也从未出现在中国的思想中。有机的观点认为，一切世事井然有序，相互关联，这种关于自然的哲学可能有助于中国科学思想的发展。他也承认中国没有类似欧几里得的演绎几何，而这也多少抑制了中国光学的发展，但中国也从来没有被"希腊荒谬的视觉学说"扰乱过，没有欧几里得并没有阻碍中国伟大的发明。作为支持这一论点的例证，作者花了相当的篇幅和六幅精美的插图，介绍了苏颂的天文钟。

李约瑟接着讨论中西发展差异的根本原因，多少有些呼应文章一开始提出的"李约瑟问题"。他认为，中国人讲究实际的做法并不表示他们没有探索精神，而要理解这种差别必须理解中国和古代欧洲在社会和经济结构方面的巨大差别，特别是马克思主义经典著作中所谈论的"亚细亚生产方式"。

所谓的"巨大差别"，李氏认为，首先在于从秦始皇开始的中央集权的官僚体制，后来发展起来的科举制度则是这个体制的一个关键部件。这一体制对应用科技的发展有"复杂而有趣"的影响。农业生产对社会的重要意义，使得授时制历成为最正统的学问，其次是星占，以及与之相关的天文学；同样与农业生产息息相关的，是水利，包括灌溉和水力，这就涉及数学和物理学。医学的实用价值自不待言，儒家的孝道又助长了这一领域的发展。同样得益于大一统官僚体制的，还有诸如地震学的研究。

李约瑟的这一段篇幅不长的分析，旨在强调中国古代比较有系统有传承的、占主流地位的科学技术门类——天学、算学、农学和医学——和社会背景、经济结构的关系，堪称精湛，深谙个中三昧。在以后的讲演中，他进一步努力走出枚举式的零散介绍，强调更加综合的考察，依次论述了炼丹术、火药、长生不老药、针灸，和一个哲学意味更强的"时间和变化"的主题，令人信服地展示了他的渊博。在这些论述中，他多次引入和西洋发展历史的对比，用两者之间的异同来发挥他的观点。

席文强调更加综合全面的考察

1980 年代稍后，越来越多的研究者认识到，必须从中国自身内在的社会和经济结构以及文化传承上考察中国古代科学技术，才能真正准确地理解这一全然不同于西洋科学发展的历史过程。席文的《11 世纪中国的健康和医疗照顾》[①] 代表了这一方面的尝试。席文注意到，欧洲以外的古代文明有很多研究自然和人身的做法从未为西洋学者留意，

---

① Nathan Sivin, *Health Care in Eleventh-century China*, Switzerland: Springer International, 2015.

而研究这些做法是否卓然有成，其实是非常有意思的事。在这些非西欧文明中，中国较之其他如伊斯兰受希腊罗马文化影响较少，而且史籍丰富，当为首选，然而要想有所建树，必须花费常年的努力。他的这一说辞绝非虚言，事实上，早在20多年前，他已经就此有所撰述[①]，而现在这本专著，显然是这一努力的继续。

第1章说明此书的研究主题，时代定在北宋，即作者所谓的"11世纪"，而主题则聚焦在治疗的观念和方法，以及它们的相互关系。作者注意到，对于北宋的医疗，研究和文献俨然可称汗牛，但是，当时的医者多服务于他们"本阶级"人士，而大多数无缘受教育的农民和穷人，谁来照管他们呢？文章要探讨的，是这些人的医疗资源，包括乡土采药人、巫汉、寺观的庙祝道人，有时还有地方官员；而病家更看重的，不是他们所开的药石方剂，而是治疗的仪式。

这的确是一个有趣的、有高度学术价值的题目，问题是，它太难了。作者说他将从医学、人类学、医学社会学的角度着手探讨。第2章对诸如"医疗健康照顾""宗教"以及"社会精英"之类的概念做明确的定义。第3章定义"疗效"。席文说，他并不期望他的读者阅读全书，如果只对某一个问题感兴趣的话，可以从第4章开始。

----

① "Emotional Counter-therapy," in *Medicine*, *Philosophy and Religion in Ancient China*, *Researches and Reflections*, Aldershot, UK; Brookfield, VT, 1995. 其实撰著时间应该更早。

第 4 章起，作者把研究对象分为四组，即传世的正统治疗法、民间治疗法、精英治疗法和其他各种由地方官员主持的诊疗仪式。作者认为，传世的正统疗法在实践中并非占据支配地位，而只是诸多诊疗方法之中的一种，而且只为少数人服务。然后他讨论了这种正统疗法和民间诊疗的相互关系，认为两者的差别并非简单地是世俗的或是宗教的。第 5 章谈民间宗教，认为民间宗教不可以被简单地看作迷信，或者可以忽略不论。他认为，在北宋，佛道两家的教义并不能遍及为数众多的农民。

和我们猜想的相反，席文说民间宗教及其诊疗实践的材料"极其丰富"，存在于道家文献、常见医书，还有无事不谈的文人笔记中。最后他还讨论了佛教、道教以及其他小教派常见的医疗实践。

不论他的努力是否能为整个学界接受，席文的书应该是为中国科学史的下一步研究指出了一个方向。西洋学者治中国科学史，最初常热衷于掇拾枚举孤立的史实，寻章摘句，无暇考释，略同于猎奇而无构造；事实既日见丰富，则以西洋科学史的框架和史学理论来规范中国史的研究写作，力图将中国史的研究纳入西洋史已建立的诠释模式中，谈论《墨子》中的牛顿第二定律，而没有留意两者几无可公度之处，牵强附会，而解释则无异于海外奇谈。席文的取向，要求从中国当时的社会文化背景、从中国自身发展的脉络看中国古代对于自然的态度和研究，格局阔大，格调自高。但是，谈何容易。

对于"全景式"考察的呼唤

与席文约略同时，薛凤的《工开万物：17 世纪中国的知识与技术》① 指向相同的研究方向。首先引起读者注意的，是副题中的"知识"而不是通常我们看见的"科学"，作者显然是有意识地避免常年以来关于"有没有科学"的毫无结果的辩论。这是一部关于宋应星和《天工开物》的研究，令人耳目一新的，是作者没有被这个人人耳熟能详的题目所限制，没有做枚举式的对比，而是把这部大书，放在明末阔大的社会背景中，由此构造了一种几乎是思想史的高度综合研究。作者认识到，在明代，我们所谓的"科学"和"技术"，是由"理""气""五行"之类的概念表达的；中土文化对于增进自然知识和物质发明关注，是和"知""行""格物"概念相关的。薛凤的研究，令人信服地表现了她对中国文化传统的深入了解和精深研究，此书在出版的第二年，同时获得了科学史学会的年度最佳图书奖和亚洲研究会的列文森奖。

李约瑟曾经抱怨说，汉学家从不与他合作，因为他们通常只是一些无科学训练的人文学者、考据学家和语言学

---

① Dagmar Schafer, *The Crafting of the 10，000 things：Knowledge and technology in Seventeenth-century China*，Chicago：The University of Chicago Press，2011. 此书有吴秀杰、白岚玲中译，《工开万物：17 世纪中国的知识与技术》，南京：江苏人民出版社，2015.

家；同样令人奇怪的是，他和科学史学界之间也有一堵看不见的墙，因为科学史家通常只对文艺复兴之前的欧洲史感兴趣，而且他们也没有必要的语言能力。胸佩科学史学会终身成就奖萨顿奖章的李老博士尚有如此浩叹，中国科学技术史研究的窘困可见一斑。[①] 但是如果从另外一个角度反思上文，或者可以领悟到，真正对中国古代科学和技术发展进行研究，必须建立在对中国历史的全景式考察之上，深入到中土文化自身的内在结构之中，阐发其中的脉络精髓于孤立的现象例证描述之外。唯独如此，才能展现人类认识自然途径的丰富的多样性，才能对科学史和中土文化的研究做出学界认可的贡献。

[①] 综合的评论见余英时，《李约瑟问题》，见陈方正，《继承与叛逆：现代科学为何出现于西方》，北京：生活·读书·新知三联书店，2009；汉学界的批评见，例如，陈荣捷，《评李约瑟〈中国科学思想史〉》，《东方杂志》，复刊第 3 卷第 12 期，1970；科学史界的批评见，Charles Gillispie, "Perspectives," *American Scientist*, 45（1957）169。

12 行不言之教：
科学史及其在科学概念社会化中的地位

- 史密斯：《维多利亚时代的能量科学史》，1998

- 加里森：《爱因斯坦之钟和彭加勒的地图》，2003

- 悉达多·穆克吉：《众病之王》，2010

- 派瑞：《英格兰的头号奇人》，2011

- 斯奈德：《独具慧眼：列文虎克和维米尔》，2015

作为全书的结尾，让我们在一个稍微阔大一点的框架中对科学史做一种近乎漫谈式的讨论。话题不一定规规然局限于科学史本身，但和科学史多少有些关联。

对科学史的"新的评估"

差不多正好 20 年前，一本题为《能量的科学：维多利亚时代能量物理学的文化史》[1] 的书引起了学界广泛的注意。维多利亚的英国，不是已经讲述过成百上千遍了吗，作者能有多少新意呢？以能量和场为中心概念的 19 世纪物理学，已经进入了高度抽象化数学化的阶段，在有限的篇幅里，能把焦耳、威廉·汤姆生，还有卡诺、克劳胥斯、兰金和麦克斯韦的理论讲清楚吗？

书的作者考斯比·史密斯说他能。他说他注意到，那

---

[1] Crosbie Smith，*The Science of Energy：A Cultural History of Energy Physics in Victorian Britain*，Chicago：The University of Chicago Press，1998.

种平铺直叙的刻板写法变得既无法承续也非读者所喜闻乐见，因此必须对近年的科学史写作"做一种新的评估"。在撰写此书时，他要努力尝试一种新的写法，把多年累积起来的高度专业化的学术研究介绍给一个"非专业的读者群"。

史密斯在剑桥拿到他的博士学位，之后任职于肯特大学，1989—1995年间担任英国科学史协会的秘书，著作宏富，并常年担任诸如《不列颠科学史杂志》等专业期刊的编辑，他对于科学史撰著提出的"新的评估"应该是值得注意的。

作者开宗明义地指出，19世纪的"能量史"如果仅仅被当作一种内在史，而不连同当时的文化和经济问题一并考察的话，鲜有意义；而从与之相对的另一角度、纵观整个时代背景的研究，则为科学史带来了令人惊异的成果。所谓"纵观整个时代背景"的视角有一个中心特征，作者强调说，即不把科学成果看作孤立的个人成就，而视之为一种代表性产物，其基础和由来植根于整个时代的文化资源。从事科学研究的人在特定的环境里工作，为了使他们的工作得到认可，他们必须面对整个社会的各色人等，有专业学会中的专家权威，也有对自然科学完全陌生的普通人；科学从业者必须向他们说明研究的意义，博取他们的支持。这就要求从事科学研究的人整合各种文化资源，调整形象，深刻了解受众的各种不同需求。作者宣称，他所要研究的，包括工业、社会、行政组织和制度、宗教和政治观念，简而言之，诸多"看起来好像是互不相关的因素"。

《能量的科学》分14章，的确如作者所说，涵盖了范围广大的论题，"19世纪迅速而且深刻变化"的苏格兰文化（特别是它的长老会宗教背景），约翰·道尔顿在曼彻斯特的一个叫作焦耳的学生建造"热力学上完美的发动机"的努力，"不列颠的北方地区和都市区的矛盾"，麦克斯韦的自然哲学，等等，都赫然在列。他说"能量的科学"并不是必然地和自发地在19世纪中期出现。在他笔下，"能量"不仅仅是，而且主要不是，哲学家在书斋里汗漫无着的辩论所牵涉的幽灵般的主题，也不仅仅是物理学家实验室里没有对应实体的理论概念，更是19世纪英国蒸蒸日上的工业和社会发展的无处不在的参与者。这不禁让人想起先于此书将近40年的、库恩关于类似主题的论文。《能量守恒作为同时发现的一例》[①]虽然侧重"同时发现"，但其着力追寻的主要概念"能量"和此书则完全相同。值得注意的是，从库恩所选用的理论框架看，内在史取向非常明显。库恩撰写"同时发现"于1950年代，当时柯瓦雷的"科学史就是概念史"正是研究的主流；而史密斯所着意探讨的，即使是最马虎的浏览，也可以看出其对外部因素的重视，而这里所谓的"外部因素"，也不仅仅是60年前贝尔纳辈

---

① "Energy Conservation as an Example of Simultaneous Discovery," in Marshall Clagett, ed., *Critical Problems in the History of Science*, Madison: University of Wisconsin Press, 1959, 321-356. 本文有罗慧生中译，见《必要的张力》第4章，北京：北京大学出版社，2004。

所强调的工业、技术、经济，以及稍后提到的政治，更是如库恩所要求的，"把科学放在可能深化对它的理解的文化环境中研究的一种努力"，这就好像又回到了库恩最初的观念。但是细看库恩举例说明他的"外在"概念的实际内容，我们立即发现，史密斯所涉足的范围更广，对"文化环境"的描述，足以诠释副题"维多利亚时代能量物理学的文化史"中"文化史"的意义。细看库恩和史密斯的这两篇论述，特别是它们的着眼点以及各自反复强调的研究方向，或可为领悟此书第 2 章谈论的"内在""外在"提供一种有趣的帮助。史密斯的做法，绝不拘泥于抽象的物理理论和精巧的数学推导，不仅完全突破了所谓内在的藩篱，而且，即使当年提倡联系工业和社会经济的"外在"套路，也不能约束他的讨论。在这里，宗教和文化、技术和工业、科学人的创新教育和科学传统、哲学和世界观、地理区域冲突、风俗旨趣，一同构造了一幅色彩斑斓的图画，而读者徜徉其中。更阔大的历史视野显然深化了对科学发展的探究，不难看出，史密斯所著，已经很难用"内在""外在"来规范。史氏的研究表明，这些历史因素对科学发展的引领推进或限制约束，其实一直都在起作用。但内在和外在的因素，尽管并存，其作用并非可以时时处处等量齐观。科学的某些门类、某一门学科在发展的不同时段，这两类因素的作用常常是不一样的。而科学史家的工作，是探讨这些因素的作用方式和作用程度，权衡量度，在更大的文化和社会背景中梳理科学发展的过程和相关要素。

科学概念和科学知识的普及

　　如何处理高深的物理学概念是史密斯必须面对的另一个突出的困难。从一定意义上说，这是一个普及科学知识、帮助作者心目中的非专业读者跟上文章论述节奏的问题，这在上文若干处也曾论及。显然，不理解所论主题的基本概念和基本理论，谈不上理解科学的发展史。但是，"能量"又确实是高度抽象的理论概念，任何一个研修过大学物理课的人，回想起卡诺和克劳胥斯，熵和焓，热力学和统计，大概都会百感交集，种种酸辣苦涩涌上心头——甜蜜的回忆大概只是少数学霸专享的美味了。但是对于"能量科学史"的研究和撰写来说，这却是一个无法回避的概念。科学史著作无论研究撰写的目的还是受众的组成，当然完全不同于纯科学的论述。这里涉及的，是对于相关科学内容专业程度的把握：哪些是必不可少的论题，如何铺陈叙述、比喻模画，如何改头换面、避重就轻。细节的追寻限度，专业工具和术语的采用，等等，都必须做极为细致的考量和安排。而这种考量和安排，又建立在科学史的研究者和撰写者对于学科内容的深入理解和对于历史进程的准确把握之上，何处详何处简，何时走何时停，真所谓运用之妙在于一心。

　　史密斯氏的做法是把纯物理概念置于其发展过程之中，

循循然，使得读者渐渐熟悉这些概念的来龙去脉，但同时并不放弃科学上的严谨。《能量史》作为"为非专业读者"预备的科学史，绝非是一部灌了水的物理学教科书，而是对科学概念发展有声有色的叙述，是一部实实在在的专业的科学史，40 页的注释，700 多部参考文献，支撑起了此书的学术性。出版后两年，2000 年的美国科学史学会年度最佳著作奖肯定了作者的成就。

彼得·加里森的《爱因斯坦之钟和彭加勒的地图》[①] 早史密斯氏一年，同样在解释物理概念上收获好评。加里森选择的是同时性问题。相对论从理论上探讨了"同时"意义，而彭加勒考虑地图上的不同点之间信号传输的时间差，略同于我们上文提到过的钟表和守时，从实际操作出发，深入分析了在现实世界中同时性所连带引出的问题。加里森的新颖之处在于，对于这么一个高度理论性的问题，他时刻注意联系 19、20 世纪之交时物理学发展的背景：你无论如何也想不到，如同该书的推介文字所说，钟和火车，电报以及殖民主义征服怎么构成了高度理论化的相对论的背景。

我们再一次看到，要写好科学史，要成功地把科学概念和科学精神传达到非专业读者中去，使科学概念社会化，把和主题相关的科学内容解释清楚是一个关键。这不容易，尤其是对于高度抽象化的现代主题，更是难上加难。当然，

---

① Peter Galison, *Einstein's Clocks and Poincare's Maps*：*Empires of Time*，New York：W. W. Norton，2003.

读者或许会争辩说，对于相对论，不是有《狭义与广义相对论浅说》[①] 吗？诚然。但是，这种出自爱因斯坦的手笔，清晰而严谨，深刻而畅达，在现实中，并不多见。试看手边关于相对论的通俗读物，有多少还沉湎于"以超光速的运动"去拜访去世多年的祖母，读者诸君想必就会同意，选题其实并非没有限制。必须承认，理解高度抽象、高度数学化的现代科学，需要数十年的、如库恩所说的"高度形式主义的"正规教育，而且这还不是理解现代科学的充分条件。如果要向一位当红的网络段子手清楚地解释"量子纠缠"，我想恐非易事——我倒不是因为他没有通过量子力学的考试而看不起他，而是很有把握地认为，他很可能对这样的论题根本不感兴趣。追求"科学前沿"高度抽象和高度数学化的论题，对于科学史研究来说，或者未必一定不可；而以"通过事例传递哲学"或以求得更广大受众为考虑，选用更加为人所留意和乐见的主题，常可以事半功倍。至于近年来迅猛发展的信息科学、人工智能或化学-生物学在分子层面的研究，其原理之抽象，技术细节之复杂，恐怕很少有人能真正做到娓娓道来，最大多数的非专业读者恐怕也不会花费巨大努力去理解把握，这的确是科学史或科普作家必须面对的非常困难的挑战。

[①] A. Einstein, *Uber die spezielle und die allgemeine Relativitatstheorie*, Braunschweig: Druck und Verlag von Friedr. Vieweg & Sohn, 1920. 有 Robert Lawson 英译，*Relativity: The Special and the General Theory, A Popular Exposition*, London: Methuen & Co., 1920；有杨润殷据上述英译 1955 年第 15 版的中译，《狭义与广义相对论浅说》，上海：上海科学技术出版社，1964；有陈之藩中译，《相对论》，台北：中华文化出版事业社，1959。

受众群体、选题和可读性

/

　　成功应对这种挑战的，是悉达多·穆克吉写的人类对阵癌症的抗争史。他 2010 年出版的大作《众病之王》① 受到了热烈的欢迎，次年被《时代周刊》评为 2010 年度十大最佳非小说类和百年百本最具影响力的著作之一，被《纽约时报》评为当年的十大最佳图书之一，同年获非小说类普利策奖。在此书出版后的两年里，又陆续荣获其他八项大奖，令人咋舌。

　　穆克吉是孟加拉族印度人，出生在新德里，用现在的网络流行语来说，他是一个真正的学霸：斯坦福大学的学士，指导教授是诺贝尔奖得主，毕业后往哈佛继续深造，获医学博士，稍后再获牛津的哲学博士，现在是哥伦比亚大学医学院血液学和肿瘤学的副教授。他的学历和专业知识当然是可以傲视同侪的，但更重要的，是他眼光独到的选题：癌症这个人人谈之色变的东西，本来就是最引人注意的，何况是出于一个优秀的专业医生之手，何况是畅晓动人的故事。

　　全书六章，连同前言和一个简短的结语，洋洋洒洒几

① Siddhartha Mukherjee, *The Emperor of All Maladies: A Biography of Cancer*, New York: Scribner, 2010. 此书有李虎中译，《众病之王：癌症传》，北京：中信出版社，2013。

570 页。作者特别强调，这是一部关于癌症的历史，是战后美国的科学与技术在和癌症的斗争中的应用，成功的和不成功的。文章从作者自己在 2004 年 5 月 21 日接手的一个白血病病例开始，从医生、病人，到医疗技术、医院行政，全方位地叙述了与癌症这个"众病之王"的斗争；诊断、治疗，心理的、病理的，医学的、社会的。作为职业医生的叙述，整个故事客观冷静得像是科学报告，而穿插其间的心理独白，又充满激情像是小说。事实上，都不是。这种新的撰写方式，如上文史密斯氏所期望的，是新的科学史。

穆克吉的一个突出特点是叙述极其清晰，"高度可读"，几乎所有的书评都如是说。诸如"癌症不是一种疾病，而是许多种疾病"；所谓癌症，就是"细胞的异常生长"之类的说法——科学上准确，表达上清晰，确实让读者，哪怕并没有受过适当的科学或医学训练的，仍能轻松地阅读。尽管如此，书末仍附有一个"词汇表"，帮助读者理解若干医学名词，但并不炫耀专业术语。科学史的撰写者，专业的和非专业的，现在都认识到，他们最主要的读者并不是某一科学领域的专门家，或是和他们一同研究科学史的同事，甚至不是学习自然科学或技术的、受过专门训练的人；他们要面对的，是最广大的、爱思维爱科学的、有相当文化品味的、受过"一般教育"的民众。

纸质本出版四年以后，著名的文献纪录片导演肯·伯恩斯在穆克吉的基础上更上层楼，把此书改编成长达六个小时的电视剧，使得这个关于癌症的故事更加家喻户晓。电视剧以五位美国总统，前任的和当时现任的，面对新闻镜头，对癌症信誓旦旦的宣战开始，继之以催人泪下的儿童白血病患者的无助和挣扎，让观众身历其境地参与了人类和癌症悲惨而又壮丽的"战争"。电视这种最有力的大众传播工具，通过对历史的陈述，把科学所代表的沉稳的分析态度，大胆的探索精神，细致无声地渗透扩散到受众之中，推广和建立理性的权威。科学史的任务，不是炫耀科学成果的神奇莫测，也不在歌颂个别科学家的神勇睿智——如果是那样，那只不过是把对鬼神的崇拜改换成了对科学的崇拜，其本质的愚昧和非理性则一。科学史最有意义的任务，是把科学精神，即理性的思考和批判的精神，介绍给最广大的受众，把科学概念社会化。

科学家的探索和探索中的科学

"新的评估"还有另外一个方面。最近三四十年的科学史著作，好像有一种趋向，作者会更多地关注受众的组成和他们的喜好需求，科学史的最高境界也不仅仅在重现过去的科学已经逝去的辉煌。那种以为科学史可以"为专门研究提供范例"或"总结人类认识规律"的野心勃勃的愿景，从历史上说，鲜有成功的例证，对于现在日益专门化的科学研究而言，似乎更加遥不可及。现在科学史所提示的，是科学的探索活动，所表现的，是更加深邃的人类智慧，而其社会功用则更在"通过事例传递哲学"，向社会大众传递科学由来的理性精神。科学史，就像其他的专门史一样，因此成为人类社会活动和文化通史的一个部分。由此出发，研究的视野骤然扩大，而其发掘的深度也非昔日可比。关于约翰·迪伊的研究或可以为我们的这个说法做一注释。

被他的传记作者们称作英格兰的"数学家、天文学家、占星术士、隐秘哲学家、炼金术士"的怪杰迪伊，一生几乎与都铎王朝相始终，晚年一直做到伊丽莎白一世的宫廷顾问。他是哈维、吉尔伯特和培根的同时代人，于当时学问，无不洞晓，但和与他同时的科学革命却几乎没有关联。虽然和第谷可能有一面之缘，但交流的主题好像也就是第谷发明和改进的观测仪器而已。可以想象，在常年的科学史研究中，迪伊因为对后来我们所定义的"科学"没有什么直接的贡献而很少为人留意；1970 年代中期完成的 DSB 中，这位仁兄连同注释只占了不到一页的篇幅。条目撰写者引用的，探讨他在科学方面的工作的著作，仅有两本，分别出版于 60 年前的 1909 年和 40 年前的 1930 年，以及一本总论都铎王朝和斯图亚特王朝数学的专著中提到的几个论题。

当这种严格局限于"科学"的科学史视角被上述更宽阔的考量所取代时，情形丕变。仅以维基百科中"迪伊"条目为例，洋洋洒洒从他的传记谈到他的"声名"再到他的工作成就和意义，最后征引的参考文献几达 70 种，而且多为 1990 年代以后的著作。近年完成的迪伊的学术传记，派瑞的《英格兰的头号奇人》[1]，分 21 章，娓娓道来，对当时的历史背景，专注隐秘科学的皇家学社，以及迪伊对炼金术和哲人石的追寻，幻术，历法，依其思想的发展，一一做了细致的考证和研究，而注意的重点常在他对自然的探究，而不是画地为牢地限于他的"科学成果"，或者从后世科学倒溯其渊源。迪伊对于我们理解哈维、吉尔伯特或耐普尔，应当多少有些启发，而关于迪伊的研究，确实为我们提供了一种视角，让我们得以一窥都铎和斯图亚特王朝之交英格兰知识精英们的行为和思维模式，给了我们一个机会进一步了解科学所特有的叩问自然的精神，这当然有益于构造科学发展更真实、更丰富、更全面的历史图景。

科学研究和刑侦破案有有趣的相似之处。侦探小说描写的破案过程和现实生活中的刑侦实践其实很不一样。在小说中，所有提到的细节，经过作者的安排，或多或少、或早或迟都指向真正的罪犯。然而在实践中，探员们面对的，是犯罪现场满屋子的脚印，而他们并不知道哪些是嫌犯留下的、哪些不是，他们无法事先知道哪些是有用的物证而哪些只是随机出现的无关紧要的物事。至于从事科学的人所面对的，是整个自然界，五光十色，光怪陆离。自然界中并没有清晰的路标指示探究者，告诉他们前进的方

---

① Glyn J. R. Parry, *The Arch-Conjuror of England：John Dee*, New Haven：Yale University Press, 2011. 未闻其有中译本，这里的中文书名是本书作者擅拟的。

向。如果不能对整个画面有全景式的了解，我们就无法洞晓自然探索者艰苦的搜寻，整个科学的发展就会变成一种事先设计好剧情的无聊肥皂剧。对于像迪伊这样常常被打入副册甚至又副册的人物的研究，多少能帮助我们加深对久远的过去的理解，而正是这种高度综合的研究，把我们带回当时当地，找回当时的感觉和场景，让我们亲历发明发现的过程，品味个中甘苦。在这种探究的过程中，科学史的研究表明，唯一帮助科学家的，是他们对理性的坚定信心和依据理性建立起来的判断，以及由这样的判断最终构造起来的科学。理性在科学探索中的中心地位，在对于这种探索的历史追寻中，可以得到最令人信服的表现。

于是科学家不再是马娄笔下的浮士德或者史蒂文森笔下的海德先生，阴暗怪诞，而变成了生活在大众之中的社会的一员；他们的工作，也不似雪莱笔下的弗兰肯斯坦诡异。这就大大拉近了科学人和一般大众的距离，对于科学概念的社会化而言，这是极为重要的一步。斯奈德的《独具慧眼：列文虎克和维米尔》[1]，以列文虎克和维米尔为中心，描述了一位业余科学人，显微镜的最初发明者，和一位潦倒的画家的生活，以及他们各自的生活环境。乍一看来，这两个人鲜有相通之处，除了前者在安排后事上确实为早逝的画家出了不少力；而真正把他们两人联系在一起

---

[1] Laura Snyder, *Eye of the Beholder*：*Johannes Vermeer, Antoni van Leeuwenhoek, and the Reinvention of Seeing*, New York：W. W. Norton, 2015. 未闻其有中译本，这里的中文书名是本书作者擅拟的。

的，是"光影"，是他们对其厕身其中的世界的观察。列文虎克发现的，是一个闻所未闻的微小世界，以及其中小到肉眼看不见的"野兽"们。至于维米尔用的，是"当时鲜有人知的"暗箱和光学透视法。维米尔传世且无疑问的，共 34 张画作，斯奈德分析了其中的一大部分，把他独特的对侧光和透视的运用，对明暗层次的把握，活灵活现地展现在读者面前，就像维氏著名的"小街"把他的生活环境活灵活现地展现给观众一样。就像这张处处透着平凡的画作，斯奈德的描述也像是一幅 17 世纪荷兰小城平凡生活的风俗画——不仅是和科学或技术相关的内容，而且是这些热爱自然的人的生活，他们的柴米油盐。列文虎克是政府的雇员，薪水足以维持生活，何况他的第二次婚姻还给他带来了可观的财产，使他得以从容地和皇家学会通信，兴趣盎然地研究他那"看不见的世界"。对于画家，15 个孩子和前后两次婚姻带来的生活压力，时时逼迫着他，而在这样的生活夹缝中苦苦求生的维米尔，真是让人难以想象，怎么还能有如此的精力和雅兴去研究透视法的汇聚点和暗箱里光路的几何学，怎么运用侧光，怎么在饥儿震耳的哭号之中展示宁静的美？

　　这样的选题足以挑战作者的功力。要成功地展现这些科学人或"准科学人"的日常生活，就要求写作者把当时当地的风土人情描绘得如在读者眼前。要做到这一点，细节成了成功的关键；而对丰富细节的准确把握，使得她的两位醉心追求科学的主人翁就像是读者的邻人朋友，可以隔篱呼取，共道桑麻，而科学的发现和发明，以及蕴含其中的科学精神，就顺理成章地走出了故事，进入了读者的视野。正是在这一点上的成功，此书获得了2016年技术史学会的沙理哈克奖。

行不言之教：把科学的核心概念推向社会

科学史所谈论的，是科学的成果，由此可以普及科学知识；是科学发展的过程，由此可以凸显科学的探索本质；是科学和社会文化的关系，这或者可以说是塑造了一种文化的气质和禀赋。而贯穿所有这些论题的，是一种科学精神，即理性的精神。

这种精神的社会和历史作用，最初见于关于自然的研究之中。科学首先确定，我们研究讨论的出发点是，而且只是，理性可以应用的对象。接下来是分析和推理，在理性的引导之下得出试探性的判断即假说，然后以理性为基础，对这种假说进行检验，直到得到证实或证伪。这种"科学精神"建立在"自然是有规律的，这种规律是可以为人认识的"这样的认识论信念之上，科学的发展及其成功，则是其明证。人自身所拥有的理性判断，在17世纪的科学革命中，深刻地重塑了人类认识自然的思维方式，其巨大威力和可信赖程度，使之几乎立即变成一种唯一的被认可的思维方式。

随着科学的发展，随着科学概念和科学精神向最广大受众的扩散和传播，科学精神不仅仅出现在关于自然研究的专业领域，更成为社会的共识。这种精神在紧随科学革命之后的启蒙运动中，扩散到了人类的一切研究门类和社会生活中，支配了人类思想的发展。但是，作为一种思维方式，科学精神并不能通过教科书简单地定义或传授。最能表现这种思维方式的，并不在科学已经完成的、物化的甚至是固化的科学成果，而常在于求得这些成果的过程，而这一过程，正是科学史研究者频频叩问的对象。我们常常谈论一个社会的精神素质，大概就是说理性在社会思维中所占据的地位，即整个社会人群对突现的变故的沉稳应对，对纷繁的因素的综合分析，以及对貌似有理的结论的慎重反思。这些常引起我们由衷赞美的文化和素质，当然不可能通过教条式的灌输或强制的管理构建，而是通过日常的耳濡目染、潜移默化实现的，而科学史在其中"行不言之教"的作用应当是显而易见的。一个文风浇薄、民气浮嚣的社会，将昧于从科学成果中提取科学精神的重要性，进而也难于由此获得滋养。当理性精神成为全社会主导的和主流的观念，科学概念的社会化就实现了，一个文明的观念现代化也就完成了。

附录　人名译名对照表

　　此表按西人人名译名的汉语拼音顺序排列，以利查找。正文涉及的译名，除个别的稍有修正之外，尽量采用了前引李珩译丹皮尔《科学史》的中译。李译不包括的，尽量酌用比较通行的译名，但未暇一一注明所据。有些已有成译的译名，如欧几里得、牛顿，以及常见的文学作品的作者和其中人物，如马娄、海德先生，就不一一列出了。

A

阿格里科拉　　　　　Agricola, George, 1490 - 1555

阿格里帕　　　　　　Agrippa, Cornelius, 1486 - 1535

阿利斯塔克　　　　　Aristarchus, 315 B. C. - 230 B. C.

阿姆斯特朗　　　　　Armstrong, Neil, 1930 - 2012

埃拉托色尼　　　　　Eratosthenes, 276 B. C. - 196 B. C.

爱丁顿　　　　　　　Eddington, Arthur Stanley, 1882 - 1944

安杰利　　　　　　　Angeli, Stefano degli, 1623 - 1697

安培　　　　　　　　Ampere, Andre-Marie, 1775 - 1836

安脱纳扎　　　　　　Antonazza, Maria Rosa, 1964 -

奥卡姆	Ockham, William, 1300 - 1349?
奥瑞姆	Oresme, Nicole, 1320?- 1382
奥斯特	Oersted, Hans Christian, 1777 - 1851

B

巴甫洛夫	Pavlov, Ivan, 1849 - 1936
巴罗	Barrow, Isaac, 1630 - 1677
巴斯德	Pasteur, Louis, 1822 - 1895
巴斯蒂安	Bastian, Charlton Henry, 1837 - 1915
巴特菲尔德	Butterfield, Herbert, 1900 - 1979
柏拉狄	Bellardi, Luigi, 1818 - 1889
柏拉图	Plato, 428 B. C. - 348 B. C.
班克	Bank, Sir Joseph, 1743 - 1820
贝尔纳	Bernal, John Desmond, 1901 - 1971
贝尔托莱	Berthollet, Claude Louis, 1748 - 1822
毕林顿	Billington, David P. , 1928 - 2018
波奥斯	Boas, Marie, 1919 - 2009
波根多夫	Poggendorff, Johann Christian, 1796 - 1877
波雷里	Borelli, Giovanni Alfonso, 1608 - 1679
波普利	Porphyry, 232 - 304?
波提切利	Botticelli, 1445 - 1510
玻尔	Bohr, Niels Henrik David, 1885 - 1962
玻尔兹曼	Boltzmann, Ludwig Edward, 1844 - 1906
玻义耳	Boyle, Robert, 1627 - 1691
伯恩斯	Burns, Ken, 1953 -

布尔顿	Boulton, Mathew, 1728 – 1809
布丰	Buffon, Georges Louis Leclere de, 1707 – 1788
布朗	Browne, Janet, 1950 –
布利阿尔德	Bullialdus, Ismael, 1605 – 1694
布燮	Pouchet, Felix Archimede, 1800 – 1872

D

达·芬奇	Da Vinci, Leonardo, 1452 – 1519
达东	Taton, Rene, 1915 – 2004
达尔文	Darwin, Charles, 1809 – 1882
达尔文	Darwin, Erasmus, 1731 – 1802
达兰贝	D'Alembert, Jean le Rond, 1717 – 1783
达朗布尔	Delambre, Jean Baptiste Joseph, 1749 – 1822
大阿尔伯特	Albertus Manus, 1193 – 1280
戴维	Davy, Humphry, 1778 – 1829
道尔顿	Dalton, John, 1766 – 1844
德布斯	Dobbs, Betty Jo Teeter, 1930 – 1994
德东蒂	De'Dondi, Giovanni, 1318 – 1380?
德克瑞福	De Kruif, Paul, 1890 – 1971
狄博斯	Debus, Allen, 1925 – 2009
狄克斯特霍伊斯	Dijksterhuis, Eduard Jan, 1892 – 1965
迪格比	Digby, Kenelm, 1603 – 1665
迪伊	Dee, John, 1527 – 1609
笛卡尔	Descartes, Rene, 1596 – 1650
第谷	Tycho, Brahe, 1546 – 1601

H

哈里森	Harrison, John, 1693－1776
哈维	Harvey, William, 1578－1657
赫兹	Hertz, Heinrich Rudolf, 1857－1894
黑尔布隆	Heilbron, John Lewis, 1934－
黑格尔	Hegel, Georg Friedrich Wilhelm, 1770－1831
亨斯罗	Henslow, John Stevens, 1796－1861
洪堡	Humboldt, Alexander von, 1769－1859
胡克	Hooke, Robert, 1635－1703
胡塞尔	Husserl, Edmund, 1859－1938
华生	Watson, James, 1928－
怀特海	Whitehead, 1861－1947
惠尔	Whewell, William, 1794－1866
惠更斯	Huygens, Christiaan, 1629－1695
惠塔克	Whittaker, EdmundTaylor, 1873－1956
惠特尼	Whitney, Eli, 1765－1825
霍尔	Hall, A. Rupert, 1920－2009
霍夫曼	Hofmann, Joseph Ehrenfried, 1900－1973

J

吉布斯	Gibbs, Frederic Willard, 1839－1903
吉尔伯特	Gilbert, William, 1540－1603
焦耳	Joule, James Prescot, 1818－1889

K

卡诺	Carnot, Nicolas Leonard Sadi, 1796 – 1832
卡诺	Carnot, Sadi, 1796 – 1832
开普勒	Kepler, Johannes, 1571 – 1630
凯恩斯	Keynes, John Maynard, 1883 – 1946
康德	Kant, Immanuel, 1724 – 1804
康帕内拉	Campanella, Tommaso, 1568 – 1639
考德威尔	Caudwell, Christopher, 1907 – 1937
柯恩	Cohen, I. Bernard, 1914 – 2003
柯赫	Koch, Robert, 1843 – 1910
柯普	Kopp, Herman Franc Moritz, 1817 – 1892
柯瓦雷	Koyre, Alexandre, 1892 – 1964
克莱吉特	Clagett, Marshell, 1916 – 2005
克莱因	Klein, Christian Felix, 1849 – 1925
克莱因	Kline, Morris, 1908 – 1992
克劳胥斯	Clausius, Rudolf Julius Emanuel, 1822 – 1888
克立克	Crick, Francis, 1916 – 2004
蔻婉	Cowan, Ruth Schwartz, 1941 –
库恩	Kuhn, Thomas, 1922 – 1996
库克	Cook, James, 1728 – 1779
库伦	Coulomb, Charles-Augustin de, 1736 – 1806

L

拉格朗日	Lagrange, Joseph-Louis, 1736 – 1813
拉马克	Lamarck, Jean-Baptiste, 1744 – 1829

拉普拉斯	La Place, Pierre-Simon, 1749－1827
拉瓦锡	Lavoisier, Antoine Laurant, 1743－1794
莱布尼兹	Leibniz, Gottfried Wilhelm, 1646－1716
赖尔	Lyell, Charles, 1797－1875
兰金	Rankine, Macquorn, 1820－1872
劳尔	Lowell, Francis Cabot, 1775－1817
雷恩	Wren, Christopher, 1632－1723
李约瑟	Needham, Joseph, 1900－1995
利斯特	Lister, Joseph, 1827－1912
列文虎克	Leeuwenhoek, Antoni van, 1632－1723
林耐	Linnaeus, Carolou, 1707－1778
卢瑟福	Rutherford, Ernest, 1871－1937
罗吉尔	Roger, Jacques, 1920－1990
罗吉尔·培根	Bacon, Roger, 1214－1294
洛克	Locke, John, 1632－1704
洛克尔	Locher, Johann Georg, c.1614

M

马赫	Mach, Ernst, 1838－1916
马拉	Marat, Jean-Paul, 1743－1793
马斯基林	Maskelyne, Nevil, 1732－1811
麦尔桑纳	Mersenne, Martin, 1588－1648
麦克斯韦	Maxwell, James Clerk, 1831－1879
梅尔	Maier, Anneliese, 1905－1971
蒙格尔菲埃	Montgolfier, J.-M., 1740-1810; J.-E., 1745

R

饶西	Rossi, Paolo, 1923 - 2012
热拉尔	Gerard of Creons, 1114 - 1187
芮斯	Ruse, Michael, 1940 -
瑞奇欧利	Riccioli, Giambattista, 1598 - 1671

S

萨顿	Sarton, George, 1884 - 1956
萨克斯	Sachs, Julius von, 1832 - 1897
桑代克	Thorndike, Lynn, 1882 - 1965
色诺克拉蒂	Xenocrates, of Chalcedon, 396 B. C. - 314 B. C.
森蒂伐吉斯	Sendivogius, Michael, 1566 - 1636
史密斯	Smith, Crosbie, 1949 -
舒菲尔德	Schofield, Robert E. , 1923 - 2011
斯累特	Slater, Samuel, 1768 - 1835
斯奈德	Snyder, Laura, 1964 -
斯坦法诺	见"安杰利"
斯通	Stone, Irving, 1903 - 1989
索贝尔	Sobel, Dava, 1947 -
索热尔	de Saussure, Horace B. , 1740 - 1799

T

塔塔利亚	Tartaglia, NiccoloFontana, 1499 - 1557
泰勒斯	Thales, 624 B. C. - 546 B. C.
坦普尔	Temple, Robert K. G. , 1945 -

辛格	Singer, Charles, 1876 – 1960
休谟	Hume, David, 1711 – 1776
薛凤	Schäfer, Dagmar, 1968 –

Y

亚里士多德	Aristotle, 384 B. C. – 322 B. C.
依第乌斯	Aetius, of Amida, *c*. 540
尤申科维奇	Yushkevich, Adolph P., 1906 – 1993
约翰森	Johnson, Steven, 1968 –

Z

詹墨尔	Jammer, Max, 1915 – 2010

乐 道 文 库

　　"乐道文库"邀请汉语学界真正一线且有心得、有想法的优秀学人，为年轻人编一套真正有帮助的"什么是……"丛书。文库有共同的目标，但不是教科书，没有固定的撰写形式。作者会在题目范围里自由发挥，各言其志，成一家之言；也会本其多年治学的体会，以深入浅出的文字，告诉你一门学问的意义，所在学门的基本内容，得到分享的研究取向，以及当前的研究现状。这是一套开放的丛书，仍在就可能的题目邀约作者，已确定的书目如下，由生活·读书·新知三联书店陆续刊行。

王汎森　《历史是一种扩充心量之学》

王邦维	《什么是东方学》	李伯重	《什么是社会经济史》
王明珂	《什么是反思性研究》	吴以义	《什么是科学史》
方维规	《什么是概念史》	沈卫荣	《什么是语文学》
邓小南	《什么是制度史》	张隆溪	《什么是世界文学》
邢义田	《什么是图像史》	陆　扬	《什么是政治史》
朱青生	《什么是艺术史》	陈正国	《什么是思想史》
刘翠溶	《什么是环境史》	范　可	《什么是人类学》
孙　江	《什么是社会史》	郑振满	《什么是民间历史文献》
李有成	《什么是文学》	赵鼎新	《什么是社会学》

侯旭东　《什么是日常统治史》　萧高彦　《什么是政治思想》

夏伯嘉　《什么是世界史》　　　梁其姿　《什么是疾病史》

唐晓峰　《什么是历史地理学》　臧振华　《什么是考古学》

黄东兰　《什么是东洋史》